高等职业教育土木建筑类专业新形态教材

建筑防水工程施工

主　编　孙雁琳　李　蔚

副主编　张　猛　王宏波

U0312567

北京理工大学出版社
BEIJING INSTITUTE OF TECHNOLOGY PRESS

内 容 提 要

本书在编写上力求突出职业教育特色，把强化技能训练及实际岗位能力作为重点，采用国家新颁布的施工、验收等一系列规范，在内容编排上图文并茂、由浅入深，引导学生在完成任务的过程中实现知识技能的内化。本书主要包括防水工程安全及职业健康管理、建筑防水工程施工准备、地下防水工程施工、屋面防水工程施工、卫浴间防水工程施工、建筑外墙防水工程施工六个任务。

本书可作为高等院校土木工程类相关专业的教材，也可作为相关工程技术人员的参考用书和培训教材。

图书在版编目（CIP）数据

建筑防水工程施工 / 孙雁琳，李蔚主编 .-- 北京：
北京理工大学出版社，2021.10（2021.11 重印）
　ISBN 978-7-5763-0538-8

　Ⅰ . ①建…　Ⅱ . ①孙…②李…　Ⅲ . ①建筑防水—工程施工　Ⅳ . ① TU761.1

中国版本图书馆 CIP 数据核字（2021）第 213166 号

出版发行 / 北京理工大学出版社有限责任公司		
社　　址 / 北京市海淀区中关村南大街5号		
邮　　编 / 100081		
电　　话 /（010）68914775（总编室）		
（010）82562903（教材售后服务热线）		
（010）68944723（其他图书服务热线）		
网　　址 / http：//www.bitpress.com.cn		
经　　销 / 全国各地新华书店		
印　　刷 / 河北鑫彩博图印刷有限公司		
开　　本 / 787毫米×1092毫米　1/16		
印　　张 / 12	责任编辑 / 钟　博
字　　数 / 228千字	文案编辑 / 钟　博
版　　次 / 2021年10月第1版　2021年11月第2次印刷	责任校对 / 周瑞红
定　　价 / 39.00元	责任印制 / 边心超

前 言

　　近年来，在我国高等教育教学改革过程中，观念与理念更新、教学内容与教学模式改革、人才培养模式转型推动了专业建设和课程建设。为了适应这种变革，本书的编者积极开展了基于工作体系、生产过程、行动导向等的教材理念、教材功能、教材体例等的研究与创新，并注重应用实践，通过校企合作和广泛的行业企业调研，对"建筑防水工程施工"课程教材进行了系统化、规范化和典型化设计，编写了本书。

　　本书包括主体教材和课程网站两部分。主体教材综合体现整个课程的内容体系，结合国家建筑技术标准，有机融合了"土方与基础工程施工""主体工程施工"等课程的相关内容；以"防水施工"为主线，以工程案例为载体设计学习任务；通过项目导向、任务驱动等表现形式，突出过程性知识，引导学生学习相关知识，获得经验、诀窍、实用技术、操作规范等与岗位能力形成直接相关的知识和技能，使其知道在实际岗位工作中"如何做""如何做得更好"。本书设计了防水工程安全及职业健康管理、建筑防水工程施工准备、地下防水工程施工、屋面防水工程施工、卫浴间防水工程施工、建筑外墙防水工程施工六个任务。课程网站（读者可登录以下网址进行学习：https://mooc1-1.chaoxing.com/edit/chapters/219767119/469429357?classId=44510808）通过形象化、三维化、多样化的形式展现课程相关内容，主要配置了教学资源、课程思政、规范标准、任务实施引导、拓展训练等系列资源，方便教师进行课程的二次开发，开展课程教学，改进教学模式与教学方法，为广大学生提供一个超越时空的自助学习平台，同时便于将新标准、新图集、新规范等及时纳入教学。

　　本书主要有以下特点和创新点：

　　1. 基于各部位防水施工，系统性、规范性构建课程内容。

　　2. 强调互动式学习，以主体教材为主线，及时引导学生查阅标准规范、图集、网站等，通过互动式学习提高学生的自主学习能力。

　　3. 学习方法有机融入课程内容，强化了学习方法与学习能力培养。

　　4. 以可视化内容设计降低学习难度，通过逻辑图和资源库中的视频资料等，将复杂问题简单化、形象化，提高学生的学习积极性和学习效果。

5. 配合行动导向教学方法，通过教 / 学 / 做之间的引导、互动，使学生在学习过程中实现在学中做、在做中学。

为了激发学生的学习兴趣，结合课程内容，本书设置了"相关知识""多学一点""提示""想一想""做一做"等小栏目。同时，为了帮助学生掌握学习方法、交互使用教学资源，开发设置了二维码。

栏目引导词：

"相关知识"是强制性引导词。学生应系统完成学习任务所需掌握的相关知识，包括概念、原理和方法等，为任务的实施和职业能力的培养打下理论基础。

"多学一点"是强制性引导词。学生应理会教材提供的多学一点中的知识，做好知识迁移储备。

"提示"是强制性引导词。用于提示学生应注意的学习重点、关键内容和特殊要求等。

"想一想"是强制性引导词。学生必须按照引导要求进行问题思考与研讨，做出适宜的、创新性的答案，以此提高分析问题、解决问题的能力。

"做一做"是强制性引导词。学生必须按照引导要求进行任务实施方案的研讨，提出可行性、创新性、实施方案，按要求完成任务，并归纳总结任务实施心得或经验，将知识转化为能力。

本书由威海职业学院孙雁琳、李蔚担任主编，由威海建设集团股份有限公司张猛、王宏波担任副主编。其中，孙雁琳负责本书的系统策划、编写提纲审定和编写过程总把关，并对该书稿内容进行了反复多次认真审阅，针对理念贯彻、框架结构、内容选取、编写体例、语言文字等细节问题提出了许多明确的修改指导意见。

本书由威海职业学院与威海建设集团股份有限公司等企业合作编写。具体编写分工如下：孙雁琳主持教材的结构设计、内容选取和主体内容的编写，并负责任务一、任务二的编写；李蔚负责任务三、任务六的编写；张猛负责项目四的编写；王宏波负责任务五的编写。

在编写本书的过程中，编者查阅了大量公开或内部发行的技术资料和书刊，借用了其中一些图表及内容，在此向原作者致以衷心的感谢。

本书适用于实行行动导向教学模式的高职院校、企业工程技术人员培训以及防水工培训。

本书在编写理念、结构、内容、体例等方面进行了大胆的探索和创新，难免存在一些不足和缺陷，希望广大读者提出批评或改进建议。

编　者

目 录

任务一　防水工程安全及职业健康管理

任务目标

知识目标	技能目标	素质及思政目标
1．了解建筑工程安全施生产许可证管理。 2．熟悉建筑工程施工安全技术操作规程。 3．掌握施工现场安全防护措施。 4．掌握建筑工程岗位安全职责。 5．掌握防水工程职业健康管理	1．能对施工现场人员进行安全交底。 2．能对施工现场进行安全检查、验收。 3．能进行防水专项安全技术交底。	1．培养自主学习能力。 2．培养精益求精的工匠精神。 3．能够关注行业发展及技术创新。 4．能够自主探索不同的技术实现方法，培养科学精神。 5．能够自主按照规范开展施工组织，培养良好的职业素养

任务描述

● 任务内容

根据施工管理工作程序，在建筑防水工程施工作业前，完成施工人员准备、施工技术准备、材料入场准备后，应进行安全交底。分组编制安全交底，组长作为技术员，其他同学作为班组工人模拟施工现场进行安全交底。

● 实施条件

1．某项目工程图纸。

2．防水专项安全技术交底记录等资料。

3．某项工程的防水专项施工方案。

任务一：
任务实施引导

程序与方法

步骤一　树立"安全第一"的责任意识

建筑防水施工环境具有一定的特殊性。要登高作业，经常接触易燃材料，易受有毒、有害物质等侵害。为了保障作业人员的安全，预防事故发生，必须贯彻"安全第一，预防为主，综合治理"的方针，始终坚持"安全生产，人人有责"的原则，严格遵守安全技术操作规程和国家及行业有关强制性标准、规范、规程的规定。

做一做

请同学们从网上查找一些建筑施工企业违反安全操作规程造成人员、设备、财产损失的案例，以学习小组为单位进行交流：无视安全的行为所付出的代价非常惨痛，我们应该怎么做？

步骤二　认识施工企业安全生产许可证管理

国家对建筑施工企业实行安全生产许可制度。建筑施工企业未取得安全生产许可证的，不得从事建筑施工活动。

住房城乡建设主管部门在审核发放施工许可证时，应当对已经确定的建筑施工企业是否取得安全生产许可证进行审查，对没有取得安全生产许可证的，不得颁发施工许可证。

安全生产许可证的有效期为3年。安全生产许可证有效期满需要延期的，企业应当于期满前3个月向原安全生产许可证颁发管理机关申请办理延期手续。企业在安全生产许可证有效期内，严格遵守有关安全生产的法律法规，未发生死亡事故的，安全生产许可证有效期届满时，经原安全生产许可证颁发管理机关同意，不再审查，安全生产许可证有效期延期3年。

做一做

请同学们查阅《建筑施工企业安全生产许可证管理规定》，列举规定里包括哪些内容，以学习小组为单位进行讨论，归纳总结达到怎样的标准才能取得安全许可证。

步骤三　熟知岗位安全职责和安全操作规程

一、防水工安全及职业健康操作规程

（1）操作人员需持有防水专业上岗证书，管理人员需持有上岗证。

（2）建筑施工工人必须熟知本工种的安全操作规程和施工现场的安全生产制度，服从领导和安全检查人员的指挥，自觉遵章守纪，做到"三不"伤害。

（3）着装要整齐，严禁赤脚穿拖鞋、高跟鞋进入施工现场；高处作业时不得穿硬底和带钉易滑的鞋。严禁酒后作业。

思政小课堂：
劳模工匠陆建新

（4）施工现场行走要注意安全，不得攀登脚手架、井字架、龙门架、外用电梯。禁止乘坐非载人的垂直运输设备上下。

（5）不满18周岁的未成年工，不得从事建筑工程施工工作。

（6）施工现场的各种安全设施、设备和警告、安全标志等未经领导同意不得任意拆除和随意挪动。

（7）进入施工现场必须正确戴好安全帽，系好下颌带；在没有可靠安全防护设施的高处［2 m以上（含2 m）］、悬崖和陡坡施工时，必须系好安全带。

（8）上班作业前，应认真察看在施工程洞口、临边安全防护和脚手架护身栏、挡脚板、立网是否齐全、牢固；脚手板是否按要求间距放正、绑牢，有无探头板和空隙。

（9）材料存放于专人负责的库房，严禁烟火并挂有醒目的警告标志和防火措施。

（10）工作时思想集中，坚守作业岗位，对发现的危险必须报告。对违章作业的指令有权拒绝，并有责任制止他人违章作业。未经许可，不得从事非本工种作业。

（11）确保施工现场和配料场地应通风良好，操作人员应穿软底鞋、工作服，扎紧袖口，并应佩戴手套及鞋盖。涂刷处理剂和胶粘剂时，必须戴防毒口罩和防护眼镜。外露皮肤应涂擦防护膏。操作时严禁用手直接揉擦皮肤。

（12）雨、雪、霜天应待屋面干燥后施工。六级以上大风应停止室外作业。

（13）用热玛琋脂粘铺卷材时，浇油和铺毡人员，应保持一定距离。浇油时，檐口下方不得有人行走或停留。

（14）装卸溶剂（如苯、汽油等）的容器，必须配软垫，不准猛推猛撞。使用容器后，其容器盖必须及时盖严。

（15）在沟、槽、坑内作业必须经常检查沟、槽、坑壁的稳定状况，上下沟、槽、坑必须走坡道或梯子。

（16）患有皮肤病、眼病、刺激过敏者，不得参加防水作业。施工过程中发生恶心、头晕、过敏等，应停止作业。

（17）防水卷材采用热熔粘接，使用明火（如喷灯）操作时，应申请办理用火证，并设专人看火。配有灭火器材，周围30 m以内不准有易燃物。

（18）使用液化气喷枪及汽油喷灯，点火时，火嘴不准对人。汽油喷灯加油不得过满，打气不能过足。

（19）下班清洗工具。未用完的溶剂，必须装入容器，并将盖盖严。

（20）施工时间在6月、8月，应随时做好在高温天气下施工的防暑降温措施。

（21）施工现场发生伤亡事故，必须立即报告领导，抢救伤员，保护现场。

二、防水工岗位职责

（1）认真遵守项目部的规章制度、管理条例和各项规定。

（2）工作中应树立良好的职业道德精神，对所从事的岗位工作认真负责，以个人的工作质量保证各工序以及检验批、分项、分部工程的质量，进而确保项目部施工生产的顺利进行。

（3）熟练掌握本岗位工作的安全技术操作规程、质量标准和操作技能，熟悉本工种所使用机械设备的工作性能和操作方法，做到按规范要求施工，按标准化要求作业，不违章操作，不野蛮施工。

（4）防水工应持证上岗。施工中应听从领导，服从指挥，严格按照安全质量技术交底和施工图的要求，按照工艺流程标准和规定的操作顺序进行施工。

（5）施工中应认真执行质量自检、互检和交接检，上道工序不合格，决不进行下道工序的施工；发生一般质量隐患和问题，应立即纠正和处理；发生严重质量问题要立即上报领导和有关部门，并根据有关部门制定的整改措施认真进行整改。

（6）每日作业前应检查施工作业环境，发现不安全因素和事故隐患，应立即采取有效纠正措施，必要时应暂停施工并向有关人员汇报，待隐患处理完毕后再行施工。

（7）施工期间，必须按规定穿戴劳动防护用品，经常检查和维护保养设备和使用工具，使其状态良好，保证施工生产安全；按要求做好上道工序的成品保护工作。

（8）积极参加项目部组织的技术技能培训，自觉加强业务学习，掌握本工种质量验收标准和操作要领，不断提高自身的劳动技能和操作水平。

（9）在完成本岗位工作的基础上，协助做好上级领导交办的其他临时性工作。

做一做

请同学们以学习小组为单位进行讨论，假设我是安全员，我的岗位职责有哪些？如何对防水工进行安全教育？

步骤四　了解施工现场安全防护措施

■一、安全标志

安全标志主要包括安全色和安全标志牌等。

1．安全色

安全色分为红、黄、蓝、绿四种颜色，分别表示禁止、警告、指令和提示。

2．安全标志

安全标志分为禁止标志、警告标志、指令标志和提示标志。

想一想

指出图 1-1 中哪些是禁止标志、警告标志、指令标志？它们各自的含义是什么？

图 1-1　安全标志牌

■二、施工现场"人员伤害"预防措施

1．基本措施

进入施工现场，必须戴好安全帽。不能穿拖鞋、凉鞋、高跟鞋、短裤、背心、裙装和赤背，更不能酒后进入施工现场和随地大小便。工地安全禁令如图 1-2 所示，安全图示如图 1-3 所示。

图 1-2　工地安全禁令漫画

图 1-3　安全图示

2．物体打击预防措施

正确佩戴安全帽、走安全通道、避免在危险地带停留、不得向下抛掷物料，不要在上下同一垂直面上作业。如果必须在上层物体可能坠落的范围内作业，上、下层之间应设隔离层（图 1-4、图 1-5）。

图 1-4　脚手架拆除

图 1-5　安全通道

3．高空坠落预防措施

（1）做好临边防护（五临边）。深基础临边、楼梯临边、屋面周边、卸料平台两侧边、阳台边等必须做好临边防护（图1-6～图1-10）。

图1-6　基坑边防护

图1-7　楼梯边防护

图1-8　屋面临边防护

图1-9　阳台边防护

（2）做好洞口防护（四口）。

1）楼面上 200 mm×200 mm ～ 1 500 mm×1 500 mm 的预留洞，一般可利用结构钢筋网进行防护，也可采用木板严密封闭牢固。楼面预留洞口大于 1.5 m 以上，周围用双层钢管护栏，中间兜设安全平网（图1-11）。

2）通道口搭设防护棚。高度超过 24 m 必须搭设双层防护棚，用 5 cm 木板封严，不留孔隙。

图1-10　卸料平台边防护

3）楼梯口采用两道防护栏杆。

4）电梯井口应采用定型化防护门，既能开关，又固定牢固（图1-12）。

图1-11　预留洞口防护

图1-12　电梯口防护

（3）高空作业要系安全带。国家标准《高处作业分级》（GB/T 3608—2008）规定："凡在坠落高度基准面2 m以上（含2 m）有可能坠落的高处进行的作业，都称为高处作业。"

（4）在脚手架上作业或行走要注意探头板。

（5）当上下梯子时，使用者应面向梯子并始终保持与梯子三点接触（双手和双脚四点中的三点）。

（6）不乱动安全设施。

做一做

分组编制某工程现场安全防护措施，分组讨论施工现场防护措施除人员防护措施外，还有哪些防护措施？

步骤五　掌握安全检查的内容、程序和方法

1. 安全检查的主要内容

（1）查思想。检查企业领导和员工对安全生产方针的认识程度，建立健全安全生产管理和安全生产规章制度。

（2）查管理。主要检查安全生产管理是否有效，安全生产管理和规章制度是否真正得到落实。

（3）查隐患。主要检查生产作业现场是否符合安全生产要求，检查人员应深入作业现场检查工人的劳动条件、卫生设施、安全通道，零部件的存放、防护设施状况、电气设备、压力容器、化学用品的存储、粉尘及有毒有害作业部位点的达标情

况、车间内的通风照明设施、个人劳动防护用品的使用是否符合规定等。要特别注意对一些有害部位和设备加强检查，如锅炉房、变电所、各种剧毒、易燃、易爆等场所。

（4）查整改。主要检查对过去提出的安全问题和发生事故及安全隐患是否采取了安全技术措施和安全管理措施，进行整改的效果如何。

（5）查事故处理。检查对伤亡事故是否及时报告，对责任人是否已经做出严肃处理。

2. 施工安全生产规章制度的检查

为了实施安全生产管理制度，施工企业应结合自身的实际情况，建立健全一整套本企业的安全生产规章制度，并落实到具体的施工任务中。在安全检查中，应对企业的施工安全生产规章制度进行检查。

多学一点

建设工程安全生产管理基本制度包括安全生产责任制度、群防群治制度、安全生产教育培训制度、安全生产检查制度、伤亡事故处理报告制度、安全责任追究制度。

做一做

（1）请同学们以学习小组为单位进行讨论，对任务实施引导进行补充和完善。

（2）以小组为单位，编制某工程安全交底记录，模拟施工现场进场安全交底。

巩固与拓展

一、知识巩固

对照图1-13，梳理自己所掌握的知识体系，并与同学相互交流、研讨个人对某些知识点或技能技巧的理解。

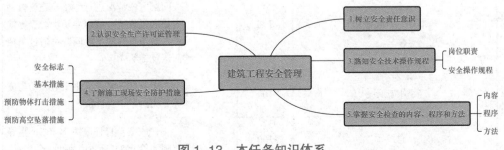

图1-13　本任务知识体系

■二、自主训练

（1）请同学们通过查阅资料，了解建筑工程施工安全技术操作规程。

（2）请同学们查阅建设工程项目职业健康安全的相关知识，以学习小组为单位交流自己对职业健康安全的认识。

（3）选择一起安全事故，分析事故发生原因，以学习小组为单位，进行交流，互相评分。

任务一：自主训练

■三、任务考核

任务一考核表

任务名称： 建筑工程施工安全管理　　　　　　　　　考核日期：

考核项目		分值	自评	考核要点
任务描述		10		任务的理解
任务实施	树立安全责任意识	10		安全第一，预防为主的意识
	认识安全生产许可证管理	15		对制度的理解
	熟知安全技术规程	15		对内容的熟练程度
	了解施工现场安全防护措施	15		防护措施的要求
	掌握安全检查的内容、程序、方法	15		检查验收的重点和规定
拓展任务		20		拓展任务完成情况与质量
小计		100		
其他考核				
考核人员	分值	评分	考核要点
---	---	---	---
（指导）教师评价	100		根据学生"任务实施引导"中的相关问题完成情况进行考核，建议教师主要通过肯定成绩引导学生，少提缺点，对于存在的主要问题可通过单独面谈反馈给学生
小组互评	100		主要从知识掌握、小组活动参与度等方面给予中肯评价
总评	100		总评成绩＝自评成绩×40%＋指导教师评价×35%＋小组评价×25%

■ 四、综合训练

1. 单选题

（1）凡在坠落高度基准面（　　）m 以上有可能坠落的高处进行的作业，都称为高处作业。

A．2　　　　　　B．1.5　　　　　　C．2.5　　　　　　D．3

（2）安全生产许可证的有效期为（　　）。安全生产许可证有效期满需要延期的，企业应当于期满前（　　）向原安全生产许可证颁发管理机关申请办理延期手续。

A．3 年，6 个月　　　　　　　　B．3 年，3 个月

C．5 年，6 个月　　　　　　　　D．5 年，3 个月

2. 多选题

某施工单位申领建筑施工企业安全生产许可证时，根据我国《建筑施工企业安全生产许可证管理规定》，应具备经建设行政主管或其他有关部门考核合格的人员包括（　　）。

A．应急救援人员　　　　　　　B．单位主要负责人

C．从业人员　　　　　　　　　D．安全生产管理人员

E．特种作业人员

3. 思考题

（1）施工现场安全检查的内容有哪些方面？

（2）施工现场"五临边"有哪些？

任务二　建筑防水工程施工准备

任务目标

知识目标	技能目标	素质及思政目标
1. 了解防水施工的基本常识。 2. 了解防水材料的一般知识。 3. 了解进场的防水材料验收程序与检测内容。 4. 了解防水工程安全施工与环境保护的知识	1. 能够甄别防水施工队伍。 2. 学会识别防水材料产品合格证书和产品性能检测报告。 3. 能够制定防水专项施工方案。 4. 能够进行防水专项安全技术交底	1. 培养自主学习能力。 2. 培养精益求精的工匠精神。 3. 能够关注行业发展及新材料应用。 4. 能够自主探索不同的技术实现方法，培养科学精神。 5. 能够自主按照规范开展施工组织，培养良好的职业素养。 6. 能够和同学及教学人员建立良好的合作关系

任务描述

● 任务内容

在建筑防水工程施工作业前，根据施工管理工作程序，完成施工人员准备、施工技术准备、材料入场准备、安全生产准备等方面的工作。

● 实施条件

1. 某项工程的防水施工图纸会审记录。

2. 某项工程的防水专项施工方案。

3. 防水材料产品合格证书和产品性能检测报告。

4. 某项工程的防水专项安全技术交底记录等资料。

程序与方法

建筑防水技术在工业与民用建筑房屋工程中发挥着功能保障作用。防水工程质量的优劣不仅危及建筑物的使用寿命，还直接影响到人们的生产、生活环境和卫生条件。所以，建筑防水工程质量除考虑设计的合理、防水材料的正确选择外，更重要的是施工工艺和施工质量。

▌相关知识

建筑防水工程有以下两种分类方法。

（1）建筑防水工程按其构造做法分类：

1）结构自防水。结构自防水主要是依靠建（构）筑物材料本身的厚度和密实性，以及构造措施与做法，使结构构件既可起到承重围护的作用，又可起到防水的作用，如地下墙、底板、顶板等防水混凝土。

2）防水层防水。把防水材料铺贴在建（构）筑物构件的迎水面（或背水面）和接缝处，可起到防水的目的，如卷材防水、涂膜防水与刚性防水层防水。

（2）建筑防水工程按其部位分类，可分为屋面防水工程、地下防水工程、外墙防水工程和厨浴间防水工程等。

步骤一　选择施工队伍

防水施工是对防水材料的一次再加工，是保证防水工程质量的关键。目前，防水工程除通过工程总承包企业完成外，实行专业分包比较普遍，但都是通过一线施工操作人员来实现的。因此，对施工队伍的选择主要审查以下两方面内容：

（1）施工队伍资质。防水工程应由具备房屋建筑工程施工总承包企业或建筑防水工程专业承包企业相应资质的专业施工队伍施工。

（2）施工人员从业资格。施工人员必须经过技术理论与实际操作的培训，并持有住房城乡建设主管部门或其他指定单位颁发的职业资格证书或防水专业岗位证书。

思政小课堂：
大国工匠常晓飞

在资质审查的同时，还要严格审查施工单位的施工经验、技术水平、施工组织管理能力和社会信誉、专业人员素质，以及在施工工艺、新技术、新工艺施工方面的能力。

▌做一做

请同学们查阅《建筑业企业资质管理规定》，列举出建筑工程专业分包资质的分类。以学习小组为单位进行交流，讨论防水工程专业承包企业需要具备哪些基本条件。

步骤二 图纸会审

防水工程施工前，建设单位应组织设计单位、监理单位、施工单位的技术人员共同进行图纸会审。

图纸会审是指工程各参建单位（建设单位、监理单位、施工单位）在收到设计院施工图设计文件后，对图纸进行全面细致的了解，审查出施工图中存在的问题及不合理情况并提交设计院进行处理的一项重要活动。图纸会审由建设单位负责组织并记录（也可请监理单位代为组织）。通过图纸会审可以使各参建单位，特别是施工单位熟悉设计图纸、领会设计意图、掌握工程特点及难点，找出需要解决的技术难题并拟定解决方案，从而将因设计缺陷而存在的问题消灭在施工之前。

图纸会审的一般程序如图 2-1 所示。

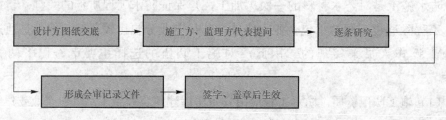

图 2-1　图纸会审的一般程序

图纸会审的程序：首先，由设计单位进行交底，内容包括设计意图，建筑材料的性能要求，对施工程序、方法的建议和要求及工程质量标准及特殊要求等。然后，由施工单位（包括建设、监理单位）提出图纸自审中发现的图纸中的技术差错和图面上的问题，如防水细部构造是否合理等。设计单位对施工单位提出的问题均应一一明确交底和解答。图纸会审后要形成会审记录文件，各参与单位签字盖章后生效。

任务二：任务实施引导—问题 2

通过图纸会审，要让施工方、监理方的技术人员充分了解防水工程施工特点、设计意图和工艺与材料的质量要求。搞清设计中涉及防水的有关问题，如防水材料性能，防水构造做法，后浇带、沉降缝等结构设置位置，质量保证的措施，设计图纸遗漏及未明确的内容等。通过设计交底和图纸会审加以明确，从而方便施工，保证施工质量。

做一做

请同学们阅读"任务实施引导"中提供的"防水工程施工图纸会审记录",列举施工图纸会审记录里包括哪些内容,以学习小组为单位进行讨论,归纳总结施工图纸会审记录涉及的内容和对工程施工的指导作用。

步骤三 制定防水施工方案

施工单位应编制防水工程专项施工方案或技术措施,根据工程项目复杂程度,防水施工方案应包括以下内容:

(1)工程概况。

(2)编制依据。

(3)施工计划——工期计划、材料计划、主要施工机具设备。

(4)施工工艺技术——工艺流程、施工操作方法。

(5)技术保证措施。

(6)质量标准。

(7)防水细部节点做法。

(8)成品保护。

(9)安全技术措施。

施工方案是由施工单位项目工地技术人员编写,经由施工单位项目技术负责人、公司技术总工审核,并按程序经监理单位或建设单位审查批准后执行。

施工方案是指导施工的技术文件,审查时重点审查质量目标是否有保证;质量保证体系是否满足要求;防水材料选择是否符合设计和技术标准;材料质量检验和复试是否满足规定要求;材料运输保管是否符合规定;防水基层处理及验收标准、施工工艺、工序及措施是否可靠,防水节点做法、施工工序交叉衔接及成品保护措施是否可行,计划安排是否得当等。

做一做

请同学们根据"任务实施引导"提供的"防水工程专项施工方案",列举防水施工方案里包括哪些内容,以学习小组为单位进行讨论,重点学习施工工艺技术和细部节点做法。

步骤四　施工技术交底

对批准实施的防水专项施工方案，应在防水工程施工前分级进行施工技术交底。

单位工程负责人或技术主管工程师负责向各作业班组长和各工种工人进行技术交底。对于参与工程施工操作的每一个工人来说，应通过技术交底，了解自己所要完成的分部分项工程的具体工作内容、操作方法、施工工艺、质量标准和安全注意事项等，做到施工操作人员任务明确，心中有数；通过技术交底，了解各工种之间配合协作和工序交接，达到有序地施工，以减少各种质量通病，提高施工质量的目的。

单位技术负责人向各作业班组长和工人进行技术交底，应强调采用书面交底的形式，即编写"建筑工程施工技术交底记录"。书面技术交底是工程施工技术资料中必不可少的，施工完毕后应归档。"建筑工程施工技术交底记录"作为建筑工程施工技术资料的重要组成部分，等同于建筑施工企业管理标准中的作业指导书，是保证建筑工程施工符合设计要求和规范、质量标准及施工操作工艺标准规定，用以具体指导建筑施工活动的操作性技术文件。

▌多学一点

在某一单位工程开工前，或一个施工分项工程前，由主管技术领导向参与施工的人员进行建筑施工技术交底。

▌做 一 做

请同学们按照"任务实施引导"里提供的"防水工程专项施工方案"，以学习小组为单位，选出一人模拟技术主管，其他人模拟作业班组人员，模拟进行施工技术交底。

步骤五　防水材料的进场与检测

防水工程所使用防水材料的品种、规格、性能等必须符合现行国家或行业产业标准和设计要求。因此，必须对进场防水材料进行严格的检验，从源头上把好质量关口。进场检验是指从材料生产企业提供的合格产品中对外观质量和主要物理性能检验，不是对不合格产品的复验。

（1）对材料的外观、品种、规格、包装、尺寸和数量等进行检查验收，并经监理单位或建设单位代表检查确认，形成相应的验收记录。

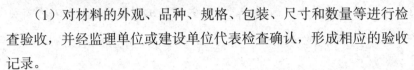

任务二：任务实施引导—问题3

（2）对材料的质量证明文件进行检查，并经监理单位代表检查确认，纳入工程技术档案。包括防水材料的产品合格证书、防水材料的产品性能检测报告等。

（3）材料进场后，应按见证取样送检制度的规定抽样检验，并出具材料进场检验报告。

（4）进场材料抽样检验的合格判定。

材料的物理性能检验项目全部指标达到标准规定时，即为合格；若有一项指标不符合标准规定，应在受检产品中重新取样进行该项指标复检，复检结果符合标准规定，则判定该批材料合格。

行业规范：

按照《建设工程监理规范》（GB/T 50319—2013）第 5.2.9 条，项目监理机构应审查施工单位报送的用于工程的材料、构配件、设备的质量证明文件，并应按有关规定、建设工程监理合同约定，对用于工程的材料进行见证取样、平行检验。

项目监理机构对已进场经检验不合格的工程材料、构配件、设备，应要求施工单位限期将其撤出施工现场。

相关知识

1. 防水材料的分类

防水工程的防水材料可分为柔性防水（如卷材、涂膜防水）、刚性防水（如细石混凝土防水屋面）。防水卷材在我国建筑防水材料的应用中处于主导地位，常用的防水卷材按照材料的组成不同一般可分为沥青防水卷材、高聚物改性沥青防水卷材和合成高分子防水卷材三大系列，常见的防水卷材如 SBS 改性沥青防水卷材。防水涂料按成分性质不同，一般可分为合成高分子防水涂料、高聚物改性沥青防水涂料和沥青基防水涂料三类，常见的防水涂料如聚氨酯防水涂料。刚性防水是指由刚性混凝土板块防水或由刚性板块与柔性接缝材料复合的防水。

2. 新型防水材料的使用

新型防水材料和相应的施工技术的使用，应符合住房和城乡建设部《建设领域推广应用新技术的管理规定》〔建设部令第 109 号〕文件精神，推广应用新技术，限制、禁止使用落后的技术。对采用性能、质量可靠的新型防水材料和相应的施工技术等科技成果，必须经过科技成果鉴定、评估或新产品、新技术鉴定，并应制定相应的技术标准，同时强调新技术、新材料、新工艺需经工程实践检验，符合有关安全及功能要求的才能得到推广应用。

做一做

（1）请同学们查阅防水材料产品性能检测报告，以学习小组为单位进行讨论，找出报告里的检测指标，检测值与标准值的差异并指出其对材料性能的影响。

（2）请同学们查阅相关资料，以学习小组为单位，讨论施工中如何使用没有列入现行施工规范中的新型防水材料。

巩固与拓展

一、知识巩固

对照图 2-2，梳理自己所掌握的知识体系，并与同学相互交流、研讨个人对某些知识点或技能技巧的理解。

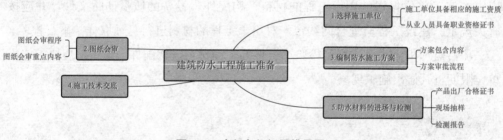

图 2-2　本任务知识思维导图

二、自主训练

（1）请同学们通过查阅资料，了解建筑防水工程相应的技术规范、质量验收规范。

（2）请同学们查阅建设工程项目职业健康安全与环境管理的相关知识，以学习小组为单位交流自己对职业健康安全与环境管理的认识。

任务二：任务实施引导—问题 4

任务二：自主训练

三、任务考核

任务二考核表

任务名称：建筑防水工程施工准备 　　　　　　　　　　考核日期：

考核项目		分值	自评	考核要点
任务描述		10		任务的理解
任务 实施	选择施工单位	10		防水施工专业承包资质等级标准
	图纸会审	10		图纸会审记录的内容
	编制防水施工方案	15		防水施工方案的内容
	施工技术交底	15		施工技术交底的形式和内容
	防水材料的进场与检测	10		防水材料进场检测的方法
	安全生产管理	10		安全生产管理的内容
拓展任务		20		拓展任务完成情况与质量
小计		100		

其他考核				
考核人员	分值	评分		考核要点
（指导）教师评价	100			根据学生"任务实施引导"中的相关问题完成情况进行考核，建议教师主要通过肯定成绩引导学生，对于存在的主要问题可通过单独面谈反馈给学生
小组互评	100			主要从知识掌握、小组活动参与度等方面给予中肯评价
总评	100			总评成绩＝自评成绩×40%＋指导教师评价×35%＋小组评价×25%

四、综合训练

思考题

（1）图纸会审的程序是什么？

（2）施工安全技术措施的审批管理是怎样的？

（3）防水专项施工方案需要经过哪些单位审批？

（4）如何做好施工安全技术交底？

任务三　地下防水工程施工

任务目标

知识目标	技能目标	素质及思政目标
1．了解地下工程防水原则与标准、地下防水材料的种类及质量要求。 2．领会地下防水工程的质量标准与安全环保措施。 3．掌握地下防水混凝土工程和地下防水卷材的施工方法	1．能根据防水材料的检验标准，对进场材料进行检验和评判。 2．能根据给出的图纸、地下室构造图、技术规范等，设计出地下室防水的施工方案。 3．能模拟施工现场进行施工技术、安全交底。 4．能按照现行《地下防水工程质量验收规范》（GB 50208—2011），检查地下防水工程施工质量。 5．能分析地下室防水工程质量通病产生的原因及预防措施	1．培养自主学习能力。 2．培养精益求精的工匠精神。 3．能够关注行业发展及技术创新。 4．能够自主探索不同的技术实现方法，培养科学精神。 5．能够自主按照规范开展施工组织，培养良好的职业素养。 6．能够和同学及教学人员建立良好的合作关系

任务描述

● 任务内容

某建筑物为框架剪力墙结构，地上 18 层，地下 1 层，总建筑面积为 21 500 m²。该工程防水设计等级为一级，采用刚性防水和柔性防水相结合的防水体系。地下室防水做法如图 3-1 所示。防水混凝土的施工缝、穿墙管道预留洞、转角、后浇带等部位和变形缝等地下工程薄弱环节按照《地下工程防水技术规范》（GB 50108—2008）处理。根据工程概况及建筑做法说明，编制地下防水工程专项施工方案。

思政小课堂：
雄安工匠精神

● 实施条件

1．施工图纸、《地下建筑防水构造》（10J301）、《地下工程防水技术规范》（GB 50108—2008）、《地下防水工程质量验收规范》（GB 50208—2011）及其他工具书；

2．准备一定数量和种类的施工工具供学生认知；

3．方案书和交底书、质量检验报告等工具表格。

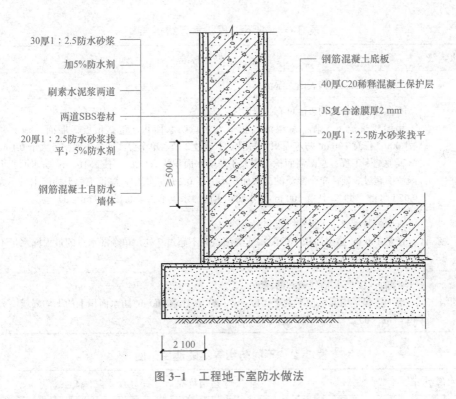

30厚1:2.5防水砂浆

加5%防水剂

刷素水泥浆两道

两道SBS卷材

20厚1:2.5防水砂浆找平，5%防水剂

钢筋混凝土自防水墙体

≥500

2 100

钢筋混凝土底板

40厚C20稀释混凝土保护层

JS复合涂膜厚2 mm

20厚1:2.5防水砂浆找平

图3-1　工程地下室防水做法

相关知识

地下工程防水原则和标准

地下防水工程是指对工业与民用建筑地下工程、防护工程、隧道及地下铁道等建（构）筑物，进行防水设计、防水施工和维护管理的过程。地下工程的特点是常年受到地下水的作用，因此，对地下防水的处理比屋面防水工程要求更高，防水技术难度也更大。

一、地下工程防水原则

地下工程防水原则应紧密结合工程地质情况、地形和环境条件、基础埋置深度、地下水水位高低、工程结构特点及施工方法、防水标准、工程用途、技术经济指标、材料来源等综合考虑。坚持遵循"防、排、截、堵结合，以防为主、多道设防、刚柔并用、因地制宜、综合治理"的原则进行设计。

二、地下工程防水等级和设防标准

现行规范《地下防水工程质量验收规范》（GB 50208—2011）根据防水工程的重要性、使用功能和建筑物类别的不同，按围护结构允许渗漏水的程度，将地下工程防水分为四个等级，见表3-1，不同防水等级的适用范围见表3-2，各级防水的防水设防按表3-3选用。

《地下防水工程质量验收规范》（GB 50208—2011）

表3-1　地下工程防水等级标准

防水等级	防水标准
一级	不允许渗水，结构表面无湿渍
二级	不允许漏水，结构表面可有少量湿渍； 房屋建筑地下工程：总湿渍面积不大于总防水面积（包括顶板、墙面、地面）的1/1 000；任意100 m² 防水面积上的湿渍不超过2 处，单个湿渍的最大面积不大于0.1 m²； 其他地下工程：总湿渍面积不应大于总防水面积的2/1 000；任意100 m² 防水面积上的湿渍不超过3 处，单个湿渍的最大面积不大于0.2 m²；其中，隧道工程平均渗水量不大于0.05 L/（m²·d），任意100 m² 防水面积上的渗水量不大于0.15 L/（m²·d）
三级	有少量漏水点，不得有线流和漏泥砂； 任意100 m² 防水面积上的漏水或湿渍点数不超过7 处，单个漏水点的最大漏水量不大于2.5 L/d，单个湿渍的最大面积不大于0.3 m²
四级	有漏水点，不得有线流和漏泥砂； 整个工程平均漏水量不大于2 L/（m²·d），任意100 m² 防水面积上的平均漏量不大于4 L/（m²·d）

表3-2　不同防水等级的适用范围

防水等级	适用范围
一级	人员长期停留的场所；印有少量湿渍会使物品变质、失效的贮物场所及严重影响设备正常运转和危及工程安全运营的部位；极重要的战备工程地铁车站
二级	人员经常活动的场所；在有少量湿渍的情况下不会使物品变质、失效的贮物场所及基本不影响设备正常运转和工程安全运营的部位，重要的战备工程
三级	人员临时活动的场所；一般战备工程
四级	对渗漏水无严格要求的工程

表3-3　明挖法地下工程防水设防

工程部位		主体结构							施工缝					
防水措施		防水混凝土	防水卷材	防水涂料	塑料防水板	膨润土防水材料	防水砂浆	金属板	遇水膨胀止水条或止水带	外贴式止水带	中埋式止水带	外抹防水砂浆	外涂防水涂料	水泥基渗透结晶型防水涂料	预埋注浆管
防水等级	一级	应选	应选一至二种						应选二种					
	二级		应选一种						应选一至二种					
	三级		宜选一种						宜选一至二种					
	四级	宜选	—						宜选一种					

工程部位	后浇带			变形缝、诱导缝					
防水措施	补偿收缩混凝土	外贴式止水带	预埋注浆管	遇水膨胀止水条或止水胶	中埋式止水带	外贴式止水带	可卸式止水带	防水密封材料	外贴防水卷材	外涂防水涂料
防水等级 一级	应选	应选二种			应选	应选二种				
防水等级 二级		应选一至二种				应选一至二种				
防水等级 三级		宜选一至二种				宜选一至二种				
防水等级 四级		宜选一种				宜选一种				

子任务一　地下防水混凝土施工

▌任务目标

通过本任务的学习，学生达到以下目标：

1. 了解防水混凝土的等级和分类及《地下工程防水技术规范》（GB 50108—2008）对防水混凝土的基本要求。

2. 熟悉地下防水混凝土的施工工艺过程。

3. 掌握地下防水混凝土施工的质量标准与安全环保措施。

▌程序与方法

步骤一　防水混凝土施工准备

■ 一、地下工程防水方案的确定

（1）编写防水施工方案。根据设计要求及工程实际情况制定特殊部位施工技术措施（施工缝、后浇带、变形缝等）；计算工程量、制订材料需求计划，确定混凝土配合比和施工办法（包括分层浇筑高度、分段浇筑顺序、振捣要求、运输线路等）。

（2）按设计资料和施工方案，进行施工安全技术交底，安排作

任务三：子任务一：
任务实施引导

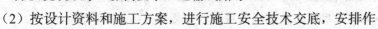

业人员数量，明确各自职责。

地下工程的防水方案，应根据使用功能、使用年限、水文地质、结构形式、环境条件、施工方法及材料性能等因素确定。地下工程迎水面主体结构应采用防水混凝土，并应根据防水等级的要求采取其他防水措施。总的来说，地下工程的防水方案主要有两大类：一类是混凝土结构自防水，如常见的普通防水混凝土、外加剂防水混凝土；另一类是在结构层表面附加防水层，如卷材防水层、涂膜防水层、水泥砂浆防水层等。地下工程的防水设计，应包括下列内容：

1）防水等级和设防要求；

2）防水混凝土的抗渗等级和其他技术指标、质量保证措施；

3）其他防水层选用的材料及其技术指标、质量保证措施；

4）工程细部构造的防水措施，选用的材料及其技术指标、质量保证措施；

5）工程的防排水系统，地面挡水、截水系统及工程各种洞口的防倒灌措施。

小视频：防水材料
及施工机具知识

提示： 地下结构的防水等级、构造做法、防水混凝土的抗渗等级和其他技术指标在图纸中已经明确指出。确定施工地下防水设计方案应针对上述内容的2）、3）、4）、5）。

设防等级不同的地下防水构造做法也不同，但其构造层次基本相同，地下结构不同部位的构造简图及构造做法见表3-4。

表3-4　地下结构不同部位的构造简图及构造做法

构造部位	地下工程外墙	地下工程顶板	地下工程底板
构造简图			
构造做法	保护层； 卷材或涂膜防水层； 找平层； 防水混凝土侧墙	保护层； 卷材或涂膜防水层； 找平层； 防水混凝土顶板	防水混凝土地板； 保护层； 卷材或涂膜防水层； 找平层； 垫层

提示： 找平层可采用防水砂浆，采用防水砂浆可提高防水等级。

■ 二、现场准备——基坑降排水、桩头处理、垫层施工

地下防水工程施工期间，必须保持地下水水位稳定在工程底部最低高程 0.5 m 以下，必要时应采取降水措施。对采用明沟排水的基坑，应保持基坑干燥。防水混凝土结构底板的混凝土垫层，强度等级不应小于 C15，厚度不应小于 100 mm，在软弱土层中不应小于 150 mm。

想 一 想

本任务中地下防水构造层次是否可以更改？防水材料可否更改？若能更改，请确定更改方案，选择合适的替换材料。

找平层可采用防水砂浆，采用防水砂浆可提高防水等级。

做 一 做

请同学们以学习小组为单位，学习交流防水设计的变更程序，然后模拟施工中不同角色演示防水方案的变更程序。

■ 三、确定防水混凝土的施工配合比

1. 防水混凝土构造设计

（1）防水混凝土可通过调整配合比，或掺加外加剂、掺合料等措施配制而成，其抗渗等级不得小于 P6。

（2）防水混凝土的施工配合比应通过试验确定，试配混凝土的抗渗等级应比设计要求提高 0.2 MPa。

（3）防水混凝土应满足抗渗等级要求，并应根据地下工程所处的环境和工作条件，满足抗压、抗冻和抗侵蚀性等耐久性要求。

（4）防水混凝土的设计抗渗等级，应符合表 3-5 的规定。

表 3-5　防水混凝土的设计抗渗等级

工程埋置深度	设计抗渗等级
$H < 10$	P6
$10 \leqslant H < 20$	P8
$20 \leqslant H < 30$	P10
$H \geqslant 30$	P12

（5）防水混凝土的环境温度不得高于 80 ℃；处于侵蚀性介质中防水混凝土的耐侵蚀要求应根据介质的性质按有关标准执行。

（6）防水混凝土结构，应符合下列规定：

1）结构厚度不应小于 250 mm；

2）裂缝宽度不得大于 0.2 mm，并不得贯通；

3）钢筋保护层厚度应根据结构的耐久性和工程环境选用，迎水面钢筋保护层厚度不应小于 50 mm。

提示：《地下防水工程质量验收规范》（GB 50208—2011）强制性条文："防水混凝土的抗压强度和抗渗性能必须符合设计要求。防水混凝土结构的施工缝、变形缝、后浇带、穿墙管、埋设件等设置和构造必须符合设计要求。"

2. 防水混凝土配合比要求

混凝土配合比是保证混凝土强度和抗渗性的关键。防水混凝土的配合比，应符合下列要求：

（1）混凝土胶凝材料用量应根据混凝土的抗渗等级和强度等级等选用，其总用量不宜小于 320 kg/m³；当强度要求较高或地下水有腐蚀性时，胶凝材料用量可通过试验调整。

（2）在满足混凝土抗渗等级、强度等级和耐久性条件下，水泥用量不宜小于 260 kg/m³。

（3）砂率宜为 35% ～ 40%，泵送时可增至 45%。

（4）灰砂比宜为 1∶1.5 ～ 1∶2.5。

（5）水胶比不得大于 0.50，有侵蚀性介质时，水胶比不宜大于 0.45。

（6）防水混凝土采用预拌混凝土时，入泵坍落度宜控制在 120 ～ 160 mm，坍落度每小时损失值不应大于 20 mm，坍落度总损失值不应大于 40 mm。

（7）掺加引气剂或引气型减水剂时，混凝土含气量应控制在 3% ～ 5%。

（8）预拌混凝土的初凝时间宜为 6 ～ 8 h。

提示：对于使用预拌商品混凝土，施工人员要与商品混凝土公司进行材料协调准备，提出商品混凝土的技术要求和供应要求，包括混凝土的强度等级、抗渗等级、混凝土的最大骨料粒径、坍落度、凝结时间、掺合料的种类及对混凝土养护要求、混凝土方量等。

想一想

防水混凝土的防渗性能用哪个指标来表示？现在商品混凝土为了实现防水的功能，普遍做法是什么？

做一做

请同学们以学习小组为单位，学习交流防水混凝土的配合比要求，然后模拟施工人员对商品混凝土公司提出防水混凝土的技术要求和供应要求。

■ 四、进场材料的质量验收

1. 防水混凝土的种类

防水混凝土是以调整混凝土配合比、掺外加剂或采用新品种水泥等方法，提高混凝土自身的密实性、憎水性和抗渗性来达到自防水目的的一种混凝土。

防水混凝土一般分为普通防水混凝土、外加剂防水混凝土和补偿收缩防水混凝土三种。

（1）普通防水混凝土是在普通混凝土骨料级配的基础上，调整配合比，控制水胶比、水泥用量、灰砂比和坍落度来提高混凝土的密实性，从而抑制混凝土中的孔隙，达到防水的目的。

（2）外加剂防水混凝土是加入适量外加剂（减水剂、防水剂），改善混凝土内部组织结构，增加混凝土的密实性，提高混凝土的抗渗能力。

（3）补偿收缩防水混凝土是指在混凝土中掺入适量膨胀剂或用膨胀水泥，改善混凝土内部组织结构，增加混凝土的密实性和抗裂性，提高混凝土的防水抗渗性能。

2. 防水混凝土的材料组成

防水混凝土由水泥、砂、石、水、外加剂、外掺料、其他材料组成。

（1）水泥。

1）宜采用普通硅酸盐水泥、硅酸盐水泥，采用其他品种水泥时应经试验确定；

2）在受侵蚀性介质作用时，应按介质的性质选用相应的水泥品种；

3）不得使用过期或受潮结块的水泥，并不得将不同品种或强度等级的水泥混合使用。

（2）砂、石。

1）砂宜选用中粗砂，含泥量不应大于 3.0%，泥块含量不宜大于 1.0%；

2）不宜使用海砂；在没有使用河砂的条件时，应对海砂进行处理后才能使用，且控制氯离子含量不得大于 0.06%；

3）宜选用坚固耐久、粒形良好的洁净石子；最大粒径不宜大于 40 mm，泵送时其最大粒径不应大于输送管径的 1/4；吸水率不应大于 1.5%；不得使用碱活性骨料；石子的质量要求应符合国家现行标准《普通混凝土用砂、石质量及检验方法标准》（JGJ 52—2006）的有关规定；

4）对长期处于潮湿环境的重要结构混凝土用砂、石，应进行碱活性检验。

（3）拌制用水。混凝土拌合用水应符合现行行业标准《混凝土用水标准》（JGJ 63—2006）的有关规定。

（4）外加剂。

1）外加剂的品种和用量应经试验确定，所用外加剂应符合现行国家标准《混凝土外加剂应用技术规范》（GB 50119—2013）的质量规定；

2）掺加引气剂或引气型减水剂的混凝土，其含气量宜控制在 3% ～ 5%；

3）考虑外加剂对硬化混凝土收缩性能的影响；

4）严禁使用对人体产生危害、对环境产生污染的外加剂。

（5）外掺料。

1）粉煤灰的品质应符合现行国家标准《用于水泥和混凝土中的粉煤灰》（GB/T 1596—2017）的有关规定，粉煤灰的级别不应低于 II 级，烧失量不应大于 5%；用量宜为胶凝材料总量的 20% ～ 30%，当水胶比小于 0.45 时，粉煤灰用量可适当提高；

2）硅粉的比表面积不应小于 15 000 m²/kg，SiO_2 含量不应小于 85%；

3）粒化高炉矿渣粉的品质要求应符合现行国家标准《用于水泥砂浆和混凝土中的粒化高炉矿渣粉》（GB/T 18046—2017）的有关规定。

止水条、止水带、止水钢板的区别

（6）其他材料。

1）防水混凝土可根据工程抗裂需要掺入合成纤维或钢纤维（图3-2、图3-3），纤维的品种及掺量应通过试验确定。

图 3-2　钢纤维

图 3-3　塑钢纤维

2）止水带及密封材料。橡胶止水带、建筑接缝用密封胶物理性能见表 3-6 和表 3-7。

表 3-6　橡胶止水带物理性能

序号	项目	指标		
		B、S	J	
			JX	JX
1	硬度（邵尔 A）/ 度	60±5	60±5	40-70[①]

序号	项目			指标		
				B、S	J	
					JX	JX
2	拉伸强度 /MPa		≥	10	16	16
3	拉断伸长率 /%		≥	380	400	400
4	压缩永久变形 /%	70 ℃ ×24 h，25%	≤	35	30	30
		23 ℃ ×168 h，25%	≤	20	20	15
5	撕裂强度 /（kN·m⁻¹）		≥	30	30	20
6	脆性温度 /℃		≤	−45	−40	−50
7	热空气老化 70 ℃ ×168 h	硬度变化（邵尔 A）/ 度	≤	+8	+6	+10
		拉伸强度 /MPa	≥	9	13	13
		拉断伸长率 /%	≥	300	320	300
8	臭氧老化 50×10⁻¹：20%，（40±2）℃ ×48 h			无裂纹		
9	橡胶与金属黏合②			橡胶间破坏	—	—
10	橡胶与帘布黏合强度③ /（N·mm⁻¹）		≥	—	5	—

注：遇水膨胀橡胶复合止水带中的遇水膨胀橡胶部分按《高分子防水材料 第 3 部分：遇水膨胀橡胶》（GB/T 18173.3—2014）的规定执行。

若有其他特殊需要时，可由供需双方协议适当增加检验项目。

①该橡胶硬度范围为推荐值，供不同沉管隧道工程 JY 类止水带设计参考使用。

②橡胶与金属黏合项仅适用于与钢边复合的止水带。

③橡胶与帘布黏合项仅适用于与帘布复合的 JX 类止水带。

表 3-7　建筑接缝用密封胶物理性能

序号	项目		技术指标						
			50LM	35LM	25LM	25HM	20LM	20HM	12.5E
1	流动性	下垂度①/mm	≤ 3						
		流平性②	光滑平整						
2	表干时间 /h		≤ 24						
3	挤出性③ /（mL·min⁻¹）		≥ 150						
4	适用期④/min		≥ 30						
5	弹性恢复率 /%		≥ 80		≥ 70		≥ 60		

序号	项目		技术指标						
			50LM	35LM	25LM	25HM	20LM	20HM	12.5E
6	拉伸模量/MPa	23 ℃	≤ 0.04 或 ≤ 0.6			> 0.4 或 > 0.6	≤ 0.4 或 ≤ 0.6	> 0.4 或 > 0.6	—
		−20 ℃							
7	定伸粘结性		无破坏						
8	浸水后定伸粘结性		无破坏						
9	浸油后定伸粘结性⑤		无破坏						—
10	冷拉－热压后粘结性		无破坏						
11	质量损失 /%		≤ 8						

注：①仅适用于非下垂型产品，允许采用供需双方商定的其他指标值。
②仅适用于自流平型产品，允许采用供需双方商定的其他指标值。
③仅适用于单组分产品。
④仅适用于多组分产品，允许采用供需双方商定的其他指标值。
⑤为可选项目，仅适用于长期接触油类的产品。

想一想

地下防水混凝土为何对抗渗性能有要求？

做一做

请同学们以学习小组为单位，选定防水混凝土所用材料，制订材料检测计划，并在小组之间交流。

步骤二 防水混凝土施工

安全提示：

1. 施工人员进场前，必须做好安全教育培训，进行安全技术交底。

2. 现场施工人员佩戴安全帽，使用安全防护用品。

3. 各种电动机具必须接地并装设漏电保护开关，遵守机电的安全操作规程。

4. 使用振动器时穿绝缘胶鞋，戴绝缘手套。湿手不得接触开关，电源线不得有破皮漏电，要按照规定安装漏电开关。

5. 使用中的振动器、振动棒不得放在地板、脚手架上。

6. 施工过程中做好基坑和地下结构的临时保护，防止抛物、滑坡、坠落事故。

7．高温天气施工，要有防暑降温措施。

8．施工中废弃物质要及时清理，外运至指定地点，避免污染环境。

地下防水混凝土施工必须按照科学合理的施工工艺进行。地下防水混凝土施工工艺一般过程如图3-4所示。

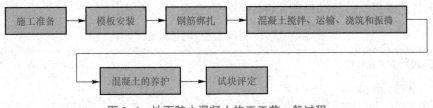

图3-4　地下防水混凝土施工工艺一般过程

1．模板与钢筋

（1）模板与钢筋的质量要求：模板严密不漏浆，有足够的刚度、强度和稳定性，固定模板的铁件不能穿过防水混凝土，结构用钢筋不得触及模板，避免形成渗水路径。用于固定模板的螺栓必须穿过混凝土结构时，可采用工具式螺栓或螺栓加堵头，螺栓上应加焊方形止水环。固定模板用螺栓的防水构造如图3-5所示，拆模后应将留下的凹槽用密封材料封堵密实，并用聚合物水泥砂浆抹平。

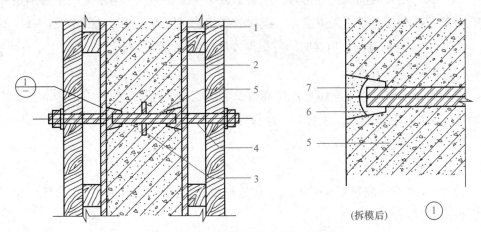

图3-5　固定模板用螺栓的防水构造

1—模板；2—结构混凝土；3—止水环；4—工具式螺栓；5—固定模板用螺栓；
6—密封材料；7—聚合物水泥砂浆

（2）钢筋绑扎：钢筋的品种、规格、形状、位置、间距要符合设计要求，钢筋相互间应绑扎牢固，以防浇捣时因碰撞、振动使绑扣松散、钢筋移位，造成露筋。

（3）安放垫块或塑料卡：保证钢筋保护层厚度。钢筋保护层厚度，应符合设计要求，不得有负误差。迎水面防水混凝土的钢筋保护层厚度，不得小于35 mm；当结构直接处于侵蚀介质中时，不应小于50 mm。垫块一般呈梅花形布置，其间距不大于1 m。

（4）架设铁马凳：为了保证双层钢筋的间距，采用马凳架设钢筋时，应在铁马凳上加焊止水环。

2. 防水混凝土配料

拌制混凝土所用材料的品种、规格和用量，每工作班检查不应少于两次。每盘混凝土各组成材料计量结果的允许偏差应符合表3-8的规定。

表3-8　防水混凝土配料计量允许偏差

混凝土组成材料	每盘计量 /%	累计计量 /%
水泥、掺合料	±2	±1
粗、细骨料	±3	±2
水、外加剂	±2	±1

使用减水剂时，减水剂宜配制成一定浓度的溶液。

3. 防水混凝土搅拌

（1）准确计算、称量用料量。严格按选定的施工配合比配料，准确计算并称量每种用料。外加剂的掺加方法按照所选外加剂的使用要求。

（2）控制搅拌时间。搅拌符合一般普通混凝土搅拌原则。防水混凝土必须用机械充分均匀拌和，不得用人工搅拌，搅拌时间比普通混凝土搅拌时间略长，一般不少于120 s。掺外加剂时，搅拌时间应根据外加剂的技术要求确定。

4. 防水混凝土运输

混凝土在运输过程中应防止产生离析及坍落度和含气量的损失。泵送混凝土拌合物在运输后出现离析，必须进行二次搅拌。

5. 防水混凝土浇筑

（1）浇筑前的准备工作。

1）模板复检：浇筑前应对模板工程进行复检，将模板内部的杂质清理干净，木模板用水湿润防止吸水。

2）坍落度检查：混凝土在浇筑地点的坍落度，每工作班至少检查两次。混凝土的坍落度试验应符合现行国家标准《普通混凝土拌合物性能试验方法标准》（GB/T 50080—2016）的有关规定。混凝土坍落度允许偏差应符合表3-9的规定。当坍落度损失后不能满足施工要求时，应加入原水胶比的水泥浆或掺加同品种的减水剂进行搅拌，严禁直接加水。

（2）浇筑振捣孔留置。在防水混凝土结构中有密集管群穿过处、预埋件或钢筋稠密处、浇筑混凝土有困难时，应采用相同抗渗等级的细石混凝土浇筑；预埋大管径的套管或面积较大的金属板时，应在其底部开设浇筑振捣孔，以利排气、浇筑和振捣，如图3-6所示。

表 3-9　混凝土坍落度允许偏差　　　　　mm

要求坍落度	允许偏差
≤ 40	±10
50 ~ 90	±15
> 90	±20

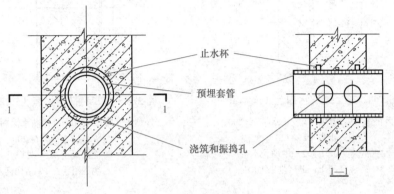

图 3-6　浇筑和振捣孔示意图

（3）施工缝。防水混凝土应分层连续浇筑，分层厚度不大于 500 mm，宜少留施工缝。当留设施工缝时，应遵循下列规定：

1）施工缝留置位置。

①墙体水平施工缝不宜留在剪力墙与弯矩最大处或底板与侧墙的交接处，应留在高出底板表面不小于 300 mm 墙的体上。拱（板）墙结合的水平施工缝，宜留在拱（板）墙接缝线以下 150 ~ 300 mm 处。墙体有预留孔洞时，施工缝距孔洞边缘不宜小于 300 mm。

②垂直施工缝应避开地下水和裂隙水较多的地段，并宜与变形缝相结合。

③施工缝接缝形式与防水构造如图 3-7 ~ 图 3-11 所示。

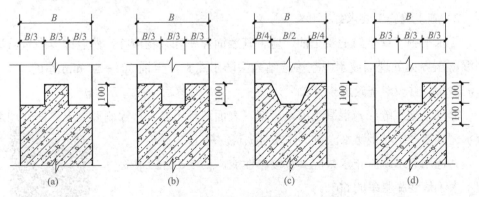

图 3-7　施工缝接缝形式

（a）凸缝；（b）凹缝；（c）V形缝；（d）阶梯缝

注：（a）（b）（c）为企口式，（d）为阶梯式，均适于壁厚300 mm以上结构

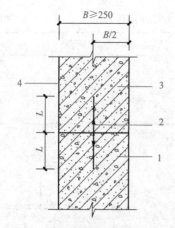

图 3-8　施工缝防水构造（止水带）

钢板止水带 $L \geqslant 150$；橡胶止水带 $L \geqslant 200$；
钢边止水带 $L \geqslant 120$
1—先浇混凝土；2—中埋止水带；
3—后浇混凝土；4—结构迎水面

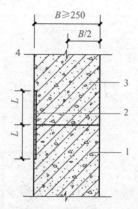

图 3-9　施工缝防水构造（外贴式）

外贴止水带 $L \geqslant 150$；外涂防水涂料 $L = 200$；
外抹防水砂浆 $L = 200$
1—先浇混凝土；2—外贴止水带；
3—后浇混凝土；4—结构迎水面

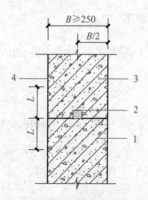

图 3-10　施工缝防水构造（遇水膨胀止水条）

1—先浇混凝土；2—遇水膨胀止水条（胶）；
3—后浇混凝土；4—结构迎水面

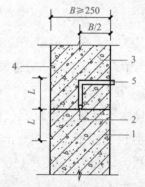

图 3-11　施工缝防水构造（预埋注浆管）

1—先浇混凝土；2—预埋注浆管；
3—后浇混凝土；4—结构迎水面；5—注浆导管

2）施工缝施工要求：

①水平施工缝浇筑混凝土前，应将其表面浮浆和杂物清除，然后铺设净浆、涂刷混凝土界面处理剂或水泥基渗透结晶型防水涂料，再铺 30～50 mm 厚的 1∶1 水泥砂浆，并及时浇筑混凝土。

②垂直施工缝浇筑混凝土前，应将其表面清理干净，再涂刷混凝土界面处理剂或水泥基渗透结晶型防水涂料，并及时浇筑混凝土。

③选用遇水膨胀止水条应具有缓胀性能，其 7 d 的膨胀率应不大于最终膨胀率的 60%。

④遇水膨胀止水条应牢固地安装在缝表面或预留槽内。止水条采用搭接连接时，搭接宽度不得小于 30 mm。

《地下工程防水技术规范》（**GB 50108—2008**）

⑤采用中埋止水带或预埋式注浆管时，应确保位置准确、固定牢靠。

想一想

施工缝是什么？施工缝处容易出现的质量问题有哪些？这些质量问题对后续工程有哪些影响？

（4）变形缝。变形缝的防水措施可根据工程开挖方法、防水等级按《地下工程防水技术规范》（GB 50108—2008）选用，几种复合防水构造做法如图3-12～图13-14所示。

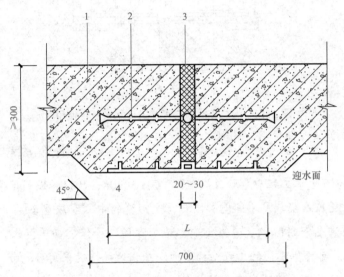

图 3-12　埋式止水带与外贴防水层复合使用

外贴式止水带$L \geqslant 300$；外贴防水卷材$L \geqslant 400$；外涂防水涂层$L \geqslant 400$
1—混凝土结构；2—中埋式止水带；3—填缝材料；4—外贴止水带

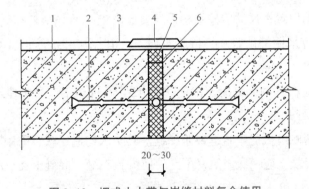

图 3-13　埋式止水带与嵌缝材料复合使用

1—混凝土结构；2—中埋式止水带；3—防水层；4—隔离层；
5—密封材料；6—嵌缝材料

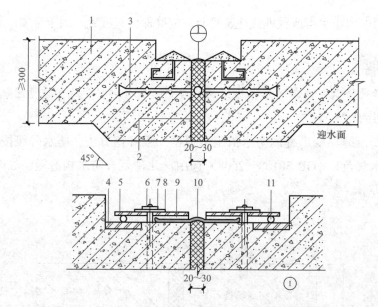

图 3-14　埋式止水带与可卸式止水带复合使用

1—混凝土结构；2—填缝材料；3—中埋式止水带；4—预埋钢板；5—紧固件压板；
7—螺母；8—垫圈；9—紧固件压块；10—Ω型止水带；11—紧固件圆钢

提示：《地下防水工程质量验收规范》（GB 50208—2011）强制性条文：中埋式止水带埋设位置应准确，其中间空心圆环与变形缝的中心线应重合。

变形缝应满足密封防水、适应变形、施工方便、检修容易等要求。用于伸缩的变形缝宜少设，可根据不同的工程结构类别、工程地质情况采用后浇带、加强带、诱导缝等替代措施。变形缝处混凝土结构的厚度不应小于 300 mm。变形缝的宽度宜为 20 ~ 30 mm。

（5）后浇带（图 3-15～图 3-17）。

1）后浇带的位置、尺寸应按结构设计要求确定；

2）后浇带应采用补偿收缩性混凝土浇筑，其抗掺和抗压强度等级不应低于两侧混凝土；

3）后浇带应在其两侧混凝土龄期达到 42 d 后再施工；高层建筑的后浇带施工应按规定时间进行；

4）后浇带两侧可做成平直缝或阶梯缝，其防水构造形式宜采用图 3-9；

5）后浇带混凝土应一次浇筑，不允许留设施工缝，混凝土浇筑后应及时养护，养护时间不得少于 28 d。

提示：《地下防水工程质量验收规范》（GB 50208—2011）强制性条文：采用掺膨胀剂的补偿收缩混凝土，其抗压强度、抗渗性能和限制膨胀率必须符合设计要求。

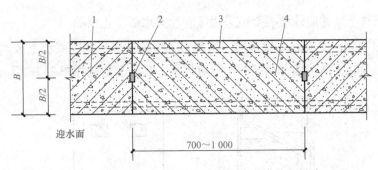

图 3-15　后浇带防水构造（遇水膨胀止水条Ⅰ级防水）

1—先浇混凝土；2—遇水膨胀止水条（胶）；3—结构主筋；4—后浇补偿收缩混凝土

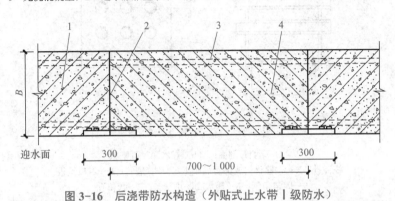

图 3-16　后浇带防水构造（外贴式止水带Ⅰ级防水）

1—先浇混凝土；2—结构主筋；3—外贴式止水带；4—后浇补偿收缩混凝土

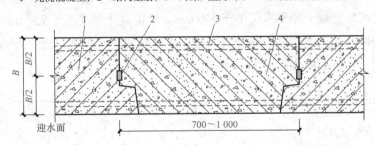

图 3-17　后浇带防水构造（遇水膨胀止水条Ⅰ～Ⅳ级防水）

1—先浇混凝土；2—遇水膨胀止水条（胶）；3—结构主筋；4—后浇补偿收缩混凝土

想一想

后浇带与施工缝、伸缩缝的区别是什么？

（6）穿墙管：穿墙管（盒）应在浇筑混凝土前预埋，与内墙角、凹凸部位的距离应大于 250 mm，穿墙管防水施工应符合下列规定：

1）金属止水环应与主管或套管满焊密实，采用套管式穿墙防水构造时，翼环与套管应满焊密实，并应在施工前将套管内表面清理干净；

2）相邻穿墙管之间的间距应大于 300 mm；

3）采用遇水膨胀止水圈的穿墙管，管径宜小于 50 mm，止水圈应采用胶粘剂满粘固定于管上，并应涂缓凝剂或采用缓胀性遇水膨胀止水圈。

（7）穿墙盒：穿墙管线较多时，宜相对集中，并应采用穿墙盒方法。穿墙盒的封口钢板与混凝土结构墙上预埋的角钢应焊平。其防水构造如图 3-18 所示。

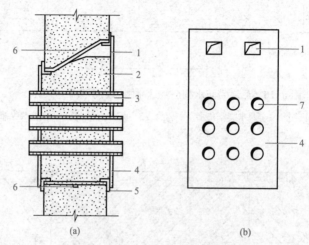

图 3-18　穿墙群管防水构造

（a）穿墙管剖面；（b）背水面封口钢板

1—浇注孔；2—柔性材料或细石混凝土；3—穿墙管；4—封口钢板；
5—固定角钢；6—遇水膨胀止水条；7—预留孔

（8）埋设件：结构上的预埋件应采用预埋或预留孔（槽）等。埋设件端部或预留孔、槽底部的混凝土厚度不得小于 250 mm，当混凝土厚度小于 250 mm 时，应局部加厚或采取其他防水措施。预留孔（槽）内的防水层宜与孔（槽）外的结构防水层保持连续。其防水构造如图 3-19 所示。

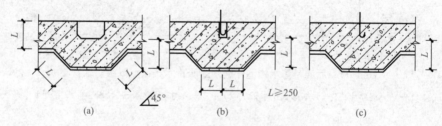

图 3-19　孔、槽与预埋件防水构造

（a）预留槽；（b）预留孔；（c）预埋件

结构变形或管道的伸缩量较小时，穿墙管可采用主管直接埋入混凝土内的固定式防水法，主管应加焊止水环或环绕遇水膨胀止水圈，并做好防腐处理；主管应在主体结构迎水面预留凹槽，槽内应用密封材料嵌填密实。

结构变形或管道的伸缩量较大或有更换要求时，应采用套管式防水法。套管应加焊止水环。其防水构造如图 3-20 所示。

小视频：地下室
防水施工

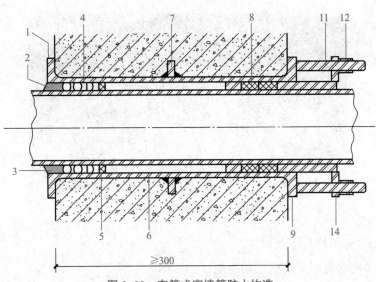

图 3-20 套管式穿墙管防水构造

1—翼环；2—密封材料；3—背衬材料；4—充填材料；5—挡圈；6—套管；7—止水环；8—橡胶圈；
9—翼盘；10—螺母；11—双头螺栓；12—短管；13—主管；14—法兰盘

（9）桩头。桩基础工程必须在桩头防水处理完成后，方可进行垫层施工。桩头防水构造形式如图 3-21 和图 3-22 所示。桩头施工现场如图 3-23 所示。

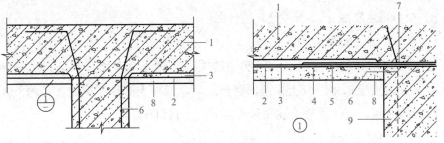

图 3-21 桩头防水构造（一）

1—结构底板；2—底板防水层；3—细石混凝土保护层；4—防水层；5—水泥基渗透结晶型防水涂料；
6—桩基受力筋；7—遇水膨胀止水条（胶）8—混凝土垫层；9—桩基混凝土

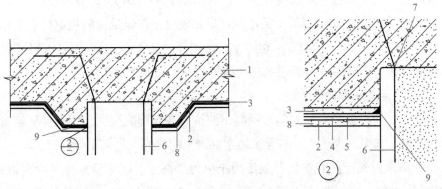

图 3-22 桩头防水构造（二）

1—结构底板；2—底板防水层；3—细石混凝土保护层；4—聚合物水泥防水砂浆；
5—水泥基渗透结晶型防水涂料；6—桩基受力筋；7—遇水膨胀止水条（胶）；8—混凝土垫层；9—密封材料

图 3-23　桩头施工现场

桩头防水施工符合下列规定：

1）桩头防水材料应与垫层防水层连为一体。

2）应按设计要求将桩头混凝土剔凿至混凝土密实处，并应清洗干净。

3）破桩后如发现渗漏水，应及时采取堵漏措施。

4）涂刷水泥基渗透结晶型防水涂料时，应连续、均匀，不得少涂或漏涂，并应及时进行养护。

5）采用其他防水材料时，基层处理符合施工要求。

6）应对遇水膨胀止水条（胶）进行保护。

6. 防水混凝土振捣

施工时的振捣是保证混凝土密实性的关键，浇灌时必须分层进行，按顺序振捣。防水混凝土应采用混凝土振捣器进行振捣。混凝土必须振捣密实，每一振捣点的振捣延续时间，应使混凝土表面呈现浮浆和不再沉落。

7. 防水混凝土试块取样

（1）抗压试块：防水混凝土抗压强度试件，应在混凝土浇筑地点随机取样后制作。同一工程、同一配合比的混凝土，取样频率和试件留置组数应符合现行国家标准《混凝土结构工程施工质量验收规范》（GB 50204—2015）的有关规定。

（2）抗渗试块：防水混凝土抗渗试件应在混凝土浇筑地点随机取样后制作。连续浇筑混凝土每 500 m^3 应留置一组 6 个抗渗试件，且每项工程不得少于两组；采用预拌混凝土的抗渗试件，留置组数应视结构的规模和要求而定。

8. 防水混凝土养护

早期养护与拆模后养护对防水混凝土的抗渗性能影响很大，特别是早期湿润养护更为重要，如果早期失水，将导致防水混凝土的抗渗性大幅度降低。

（1）防水混凝土的养护比普通混凝土更为严格，必须充分重视，特别是前 7 d 的养护更为重要，养护期不少于 14 d，对火山灰硅酸盐水泥养护期不少于 21 d。浇水养护次数应能保持混凝土充分湿润，每天浇水 3～4 次或更多次数，并用湿草袋或薄膜覆盖混凝土的表面，应避免暴晒。

（2）冬期施工应有保暖、保温措施。因为防水混凝土的水泥用量较大，相应混凝土的收缩性也大，养护不好，极易开裂，降低抗渗能力。因此，当混凝土进入终凝（浇灌后 4～6 h）即应覆盖并浇水养护。

（3）防水混凝土不得采用电热法或蒸汽直接加热法养护。

9. 拆模

模板的拆除时间应根据混凝土的强度、结构的性质、模板的用途、混凝土硬化时的气温来决定。

防水混凝土不宜过早拆模。拆模过早，等于养护不良，也会导致开裂，降低防渗能力。拆模时，防水混凝土的强度必须超过设计强度的 70%，防水混凝土表面温度与周围气温之差不得超过 15℃，以防混凝土表面出现裂缝。

10. 试块评定

（1）抗压试块：

1）抗压强度试验应符合现行国家标准《混凝土物理力学性能试验方法标准》（GB/T 50081—2019）的有关规定。

2）结构构件的混凝土强度评定应符合现行国家标准《混凝土强度检验评定标准》（GB/T 50107—2010）的有关规定。

（2）抗渗试块：抗渗性能试验应符合现行国家标准《普通混凝土长期性能和耐久性能试验方法标准》（GB/T 50082—2009）的有关规定。

多学一点

大体积混凝土施工容易出现质量问题，为了保证施工质量，大体积混凝土的施工已有专门的规范《大体积混凝土施工标准》（GB 50496—2018）。大体积防水混凝土的施工，为防止出现温度裂缝，应采取以下措施：

（1）在设计许可的情况下，采用混凝土 60 d 强度作为设计强度。

（2）采用低热或中热水泥，掺加粉煤灰、磨细矿渣粉等掺合料。

（3）掺入减水剂、缓凝剂、膨胀剂等外加剂。

（4）在炎热季节施工时，采取降低原材料温度、减少混凝土运输时吸收外界热量等降温措施。

（5）混凝土内部预埋管道，进行水冷散热。

（6）采取保温保湿养护，混凝土中心温度与表面温度的差值不应大于 25℃。

想一想

大体积混凝土的判断标准是什么？

做一做

请同学们以学习小组为单位，依照防水混凝土的施工工艺过程，分别模拟施工人员对防水混凝土一个工序做技术交底，最后一组对所有交底进行归纳，总结一份完整的防水混凝土施工技术交底。

步骤三　成品保护

防水混凝土施工过程中，应及时做好成品保护。

（1）保护钢筋、模板的位置正确，不得踩踏钢筋和改动模板。

（2）在拆模或吊运物件时，不得碰坏施工缝及撞坏止水带。

（3）在支模、绑扎钢筋、浇筑混凝土等整个施工过程中注意保护后浇带部位的清洁，不得任意将建筑垃圾抛在后浇带内。

（4）保护好穿墙管、电线管、电门盒及预埋件的位置。防止振捣时挤偏或将预埋件凹进混凝土内。

做一做

请同学们以小组为单位编制该任务工程地下防水混凝土施工成品保护方案，并在小组之间交流。

步骤四　地下防水混凝土质量要求与验收

地下防水工程是一个子分部工程，其分项工程的划分应符合表3-10的要求。

表3-10　地下防水工程的分项工程

子分部工程		分项工程
地下防水工程	主体结构防水	防水混凝土、水泥砂浆防水层、卷材防水层、涂料防水层、塑料防水板防水层、金属板防水层、膨润土防水材料防水层
	细部构造防水	施工缝、变形缝、后浇带、穿墙管、埋设件、预留通道接头、桩头、孔口、坑、池
	特殊施工法结构防水	锚喷支护、地下连续墙、盾构隧道、沉井、逆筑结构
	排水	渗排水、盲沟排水、隧道排水、坑道排水、塑料排水板排水
	注浆	预注浆、后注浆、结构裂缝注浆

地下防水工程的施工，应建立各道工序的自检、交接检和专职人员检查制度，并有完整的检查记录。工程隐蔽前，应由施工单位通知有关单位进行验收，并形成隐蔽工程验收记录；未经监理单位或建设单位代表对上道工序的检查确认，不得进行下道工序的施工。地下防水混凝土工程的验收应遵循《地下防水工程质量验收规范》（GB 50208—2011）的有关规定，地下防水混凝土工程的验收一般顺序如图 3-24 所示。

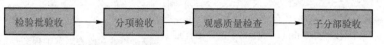

检验批验收 → 分项验收 → 观感质量检查 → 子分部验收

图 3-24　地下防水混凝土工程验收一般顺序

1. 检验批验收

地下防水工程的分项工程检验批和抽样检验数量应符合下列规定：

（1）主体结构防水工程和细部构造防水工程应按结构层、变形缝或后浇带等施工段划分检验批。

（2）特殊施工法结构防水工程应按隧道区间、变形缝等施工段划分检验批。

（3）排水工程和注浆工程应各为一个检验批。

（4）各检验批的抽样检验数量：细部构造应为全数检查，其他均应符合规范的规定。

提示：防水混凝土分项工程检验批的抽样检验数量，应按混凝土外露面积每 100 m² 抽查 1 处，每处 10 m²，且不得少于 3 处。

检验批的合格判定应符合下列规定：

（1）主控项目的质量经抽样检验全部合格。

（2）一般项目的质量经抽样检验 80% 以上检测点合格，其余不得有影响使用功能的缺陷；对有允许偏差的检验项目，其最大偏差不得超过规定允许偏差的 1.5 倍。

（3）施工具有明确的操作依据和完整的质量检查记录。

防水混凝土、施工缝、变形缝、后浇带、穿墙管头的检验批检查项目见表 3-11～表 3-16。

表 3-11　防水混凝土检验批检查项目

	检查项目	检验方法
主控项目	防水混凝土的原材料、配合比及坍落度必须符合设计要求	检查产品合格证、产品性能检测报告、计量措施和材料进场检验报告
	防水混凝土的抗压强度和抗渗性能必须符合设计要求	检查混凝土抗压强度、抗渗检验报告
	防水混凝土结构的施工缝、变形缝、后浇带、穿墙管、埋设件等设置和构造必须符合设计要求	观察检查和检查隐蔽工程验收记录

检查项目		检验方法
一般项目	防水混凝土结构表面应坚实、平整，不得有露筋、蜂窝等缺陷；预埋件位置应准确	观察检查
	防水混凝土结构表面的裂缝宽度不应大于0.2 mm，并不得贯通	用刻度放大镜检查
	防水混凝土结构厚度不应小于250 mm，其允许偏差为 +8 mm，−5 mm；主体结构迎水面钢筋保护层厚度不应小于50 mm，其允许偏差为 ±5 mm	尺量检查和检查隐蔽工程验收记录

表 3-12 施工缝检验批检查项目

检查项目		检验方法
主控项目	施工缝用止水带、遇水膨胀止水条或止水胶、水泥基渗透结晶型防水涂料和预埋注浆管必须符合设计要求	检查产品合格证、产品性能检测报告和材料进场检验报告
	施工缝防水构造必须符合设计要求	观察检查和检查隐蔽工程验收记录
一般项目	墙体水平施工缝应留设在高出底板表面不小于300 mm的墙体上。拱、板与墙结合的水平施工缝，宜留在拱、板与墙交接处以下150～300 mm处；垂直施工缝应避开地下水和裂隙水较多的地段，并宜与变形缝相结合	观察检查和检查隐蔽工程验收记录
	在施工缝处继续浇筑混凝土时，已浇筑的混凝土抗压强度不应小于 1.2 MPa	观察检查和检查隐蔽工程验收记录
	水平施工缝浇筑混凝土前，应将其表面浮浆和杂物清除，然后铺设净浆、涂刷混凝土界面处理剂或水泥基渗透结晶型防水涂料，再铺30～50 mm厚的1：1水泥砂浆，并及时浇筑混凝土	观察检查和检查隐蔽工程验收记录
	垂直施工缝浇筑混凝土前，应将其表面清理干净，再涂刷混凝土界面处理剂或水泥基渗透结晶型防水涂料，并及时浇筑混凝土	观察检查和检查隐蔽工程验收记录
	中埋式止水带及外贴式止水带埋设位置应准确，固定应牢靠	观察检查和检查隐蔽工程验收记录
	遇水膨胀止水条应具有缓膨胀性能；止水条与施工缝基面应密贴，中间不得有空鼓、脱离等现象；止水条应牢固地安装在缝表面或预留凹槽内；止水条采用搭接连接时，搭接宽度不得小于30 mm	观察检查和检查隐蔽工程验收记录
	遇水膨胀止水胶应采用专用注胶器挤出粘结在施工缝基面，并做到连续、均匀、饱满，无气泡和孔洞，挤出宽度及厚度应符合设计要求；止水胶挤出成形后，固化期内应采取临时保护措施；止水胶固化前不得浇筑混凝土	观察检查和检查隐蔽工程验收记录
	预埋注浆管应设置在施工缝断面中部，注浆管与施工缝基面应密贴并固定牢靠，固定间距宜为200～300 mm；注浆导管与注浆管的连接应牢固、严密，导管埋入混凝土内的部分应与结构钢筋绑扎牢固，导管的末端应临时封堵严密	观察检查和检查隐蔽工程验收记录

表 3-13　变形缝检验批检查项目

	检查项目	检验方法
主控项目	变形缝用止水带、填缝材料和密封材料必须符合设计要求	检查产品合格证、产品性能检测报告和材料进场检验报告
	变形缝防水构造必须符合设计要求	观察检查和检查隐蔽工程验收记录
	中埋式止水带埋设位置应准确，其中间空心圆环与变形缝的中心线应重合	观察检查和检查隐蔽工程验收记录
一般项目	中埋式止水带的接缝应设在边墙较高位置上，不得设在结构转角处；接头宜采用热压焊接，接缝应平整、牢固，不得有裂口和脱胶现象	观察检查和检查隐蔽工程验收记录
	中埋式止水带在转弯处应做成圆弧形；顶板、底板内止水带应安装成盆状，并宜采用专用钢筋套或扁钢固定	观察检查和检查隐蔽工程验收记录
	外贴式止水带在变形缝与施工缝相交部位宜采用十字配件；外贴式止水带在变形缝转角部位宜采用直角配件。止水带埋设位置应准确，固定应牢靠，并与固定止水带的基层密贴，不得出现空鼓、翘边等现象	观察检查和检查隐蔽工程验收记录
	安设于结构内侧的可卸式止水带所需配件应一次配齐，转角处应做成45°坡角，并增加紧固件的数量	观察检查和检查隐蔽工程验收记录
	嵌填密封材料的缝内两侧基面应平整、洁净、干燥，并应涂刷基层处理剂；嵌缝底部应设置背衬材料；密封材料嵌填应严密、连续、饱满，粘结牢固	观察检查和检查隐蔽工程验收记录
	变形缝处表面粘贴卷材或涂刷涂料前，应在缝上设置隔离层和加强层	观察检查和检查隐蔽工程验收记录

表 3-14　后浇带检验批检查项目

	检查项目	检验方法
主控项目	后浇带用遇水膨胀止水条或止水胶、预埋注浆管、外贴式止水带必须符合设计要求	检查产品合格证、产品性能检测报告和材料进场检验报告
	补偿收缩混凝土的原材料及配合比必须符合设计要求	检查产品合格证、产品性能检测报告、计量措施和材料进场检验报告
	后浇带防水构造必须符合设计要求	观察检查和检查隐蔽工程验收记录
	采用掺膨胀剂的补偿收缩混凝土，其抗压强度、抗渗性能和限制膨胀率必须符合设计要求	检查混凝土抗压强度、抗渗性能和水中养护14 d后的限制膨胀率检验报告

检查项目		检验方法
一般项目	补充收缩混凝土浇筑前，后浇带部位和外贴式止水带应采取保护措施	观察检查
	后浇带两侧的接缝表面应先清理干净，再涂刷混凝土界面处理剂或水泥基渗透结晶型防水涂料；后浇混凝土的浇筑时间应符合设计要求	观察检查和检查隐蔽工程验收记录
	遇水膨胀止水条的施工应符合规范规定；遇水膨胀止水胶的施工应符合规范规定；预埋注浆管的施工应符合规范规定；外贴式止水带的施工应符合规范规定	观察检查和检查隐蔽工程验收记录
	后浇带混凝土应一次浇筑，不得留设施工缝；混凝土浇筑后应及时养护，养护时间不得少于28 d	观察检查和检查隐蔽工程验收记录

表 3–15　穿墙管检验批检查项目

检查项目		检验方法
主控项目	穿墙管用遇水膨胀止水条和密封材料必须符合设计要求	检查产品合格证、产品性能检测报告和材料进场检验报告
	穿墙管防水构造必须符合设计要求	观察检查和检查隐蔽工程验收记录
一般项目	固定式穿墙管应加焊止水环或环绕遇水膨胀止水圈，并做好防腐处理；穿墙管应在主体结构迎水面预留凹槽，槽内应用密封材料嵌填密实	观察检查和检查隐蔽工程验收记录
	套管式穿墙管的套管与止水环及翼环应连续满焊，并做好防腐处理；套管内表面应清理干净，穿墙管与套管之间应用密封材料和橡胶密封圈进行密封处理，并采用法兰盘及螺栓进行固定	观察检查和检查隐蔽工程验收记录
	穿墙盒的封口钢板与混凝土结构墙上预理的角钢应焊严，并从钢板上的预留浇注孔注入改性沥青密封材料或细石混凝土，封填后将浇注孔口用钢板焊接封闭	观察检查和检查隐蔽工程验收记录
	当主体结构迎水面有柔性防水层时，防水层与穿墙管连接处应增设加强层	观察检查和检查隐蔽工程验收记录
	密封材料嵌填应密实、连续、饱满，粘结牢固	观察检查和检查隐蔽工程验收记录

表 3-16 桩头检验批检查项目

	检查项目	检验方法
主控项目	桩头用聚合物水泥防水砂浆、水泥基渗透结晶型防水涂料、遇水膨胀止水条或止水胶和密封材料必须符合设计要求	检查产品合格证、产品性能检测报告和材料进场检验报告
	桩头防水构造必须符合设计要求	观察检查和检查隐蔽工程验收记录
	桩头混凝土应密实,如发现渗漏水应及时采取封堵措施	观察检查和检查隐蔽工程验收记录
一般项目	桩头顶面和侧面裸露处应涂刷水泥基渗透结晶型防水涂料,并延伸到结构底板垫层 150 mm 处;桩头四周 300 mm 范围内应抹聚合物水泥防水砂浆过渡层	观察检查和检查隐蔽工程验收记录
	结构底板防水层应做在聚合物水泥防水砂浆过渡层上并延伸至桩头侧壁,其与桩头侧壁接缝处应采用密封材料嵌填	观察检查和检查隐蔽工程验收记录
	桩头的受力钢筋根部应采用遇水膨胀止水条或止水胶,并应采取保护措施	观察检查和检查隐蔽工程验收记录
	遇水膨胀止水条的施工应符合规范规定;遇水膨胀止水胶的施工应符合规范规定	观察检查和检查隐蔽工程验收记录
	密封材料嵌填应密实、连续、饱满,粘结牢固	观察检查和检查隐蔽工程验收记录

2. 分项工程验收

分项工程质量验收合格应符合下列规定:

(1)分项工程所含检验批的质量均应验收合格。

(2)分项工程所含检验批的质量验收记录应完整。

3. 观感质量检查

地下防水混凝土工程的观感质量检查应按规定项目逐项检查并打分。

4. 子分部工程验收

子分部工程质量验收合格应符合下列规定:

(1)子分部工程所含分项工程的质量均应验收合格。

(2)质量控制资料应完整。

(3)地下工程渗漏水检测应符合设计的防水等级标准要求。

(4)观感质量检查应符合要求。

提示:地下工程渗漏水检测应在地下防水工程全部完成后进行;防水混凝土施工完成后子分部工程仅指细部防水构造子分部。

做一做

请同学们以小组为单位，讨论地下防水混凝土工程验收程序。组内成员分别模拟验收不同成员进行地下防水混凝土验收，并在学习小组之间交流。

步骤五　质量通病与防治

地下防水混凝土的防水包括主体防水和细部构造防水两部分内容。任何一部分处理不当，都会引发渗漏。目前，主体防水效果尚好，而细部构造（施工缝、变形缝、后浇带等）的渗漏水现象最为普遍，有"十缝九漏"之称。渗漏水的形式主要有孔洞漏水、裂缝漏水、防水面渗水或是上述几种渗漏水的综合。表3-17针对不同质量问题造成的地下室渗漏进行分析并提出防治措施。

表3-17　地下室防水混凝土渗漏原因及防治措施

现象	产生的主要原因	防治措施
混凝土表面蜂窝、麻面、孔洞	1. 混凝土配合比不当，计量不准，和易性差，振捣不密实或漏振。 2. 下料不当或下料过高未设溜槽、串桶等措施造成石子、砂浆离析。 3. 模板拼缝不严，水泥浆流失。 4. 混凝土振捣不实、气泡未排出，停在混凝土表面。 5. 钢筋较密部位或大型埋设件（管）处，混凝土下料被卡住，未振捣到位就继续浇筑上层混凝土	1. 严格控制混凝土配合比，经常检查，做到计量准确，混凝土拌和均匀，坍落度适合。 2. 混凝土下料高度超过1.5 m时，应设串桶或溜槽，浇筑应分层下料，分层振实，排除气泡。 3. 模板拼缝应严密，必要时在拼缝处嵌腻子或粘贴胶带，防止漏浆。 4. 在钢筋密集处及复杂部位，采用细石防水混凝土浇筑，大型埋管两侧应同时浇筑或加开浇筑口，严防漏振
混凝土表面裂缝	1. 混凝土凝结时体积收缩。终凝后养护工作未跟上，混凝土表面不湿润，失水太快形成干裂。此外，顶板、底板阴角较多，收缩时阴角处应力集中，产生撕裂现象。 2. 大体积混凝土（如高层地下室底板）体积大、厚度高，而保温保湿措施不足，造成温差裂缝	1. 严格按要求施工，注意混凝土振捣密实。 2. 大体积防水混凝土施工时，必须采取严格的质量保证措施；炎热季节施工时要有降温措施，注意养护温度与养护时间

现象	产生的主要原因	防治措施
变形缝处渗漏	1. 止水带固定方法不当，埋设位置不准确或在浇筑混凝土时被挤动，地板止水带下面的混凝土振捣不实。 2. 钢筋过密，浇筑混凝土时方法不当，造成止水带周围混凝土蜂窝、麻面。 3. 混凝土分层浇筑前，止水带周围的木屑未清理干净，混凝土夹渣造成渗漏	1. 施工时严格遵守节点构造要求。 2. 防水混凝土施工遵守步骤二中相关规定

解决防水混凝土渗漏质量通病应以预防为主，一旦发生渗漏，首先应分析渗漏原因，针对不同原因采取不同补漏方法。常用快硬水泥胶浆堵漏法、化学灌浆堵漏法等。

做一做

某地下室，建筑面积为 3 457.2 m²，防水等级为一级，防水做法如图 3-25 所示。工程投入使用一年后，地下室内墙面出现多处渗漏点。请同学们分析地下室内墙渗漏产生的原因，提出整治措施，形成一个解决渗漏问题的方案，并在学习小组之间交流。

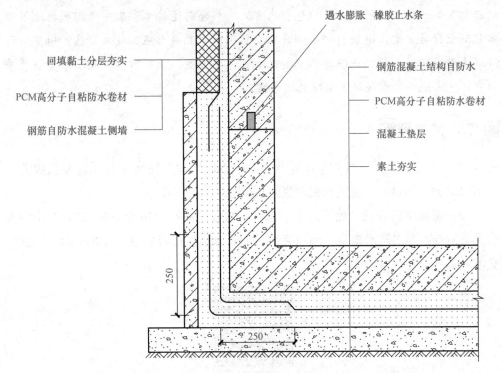

图 3-25 地下室防水做法

巩固与拓展

一、知识巩固

对照图 3-26，梳理自己所掌握的知识体系，并与同学相互交流、研讨个人对某些知识点或技能技巧的理解。

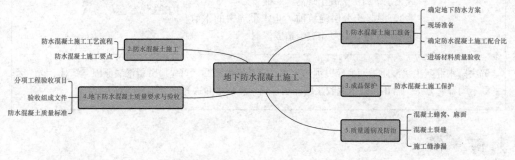

图 3-26　本任务知识体系

做一做

本任务的最终目标是完成一个地下防水混凝土专项施工方案，回顾任务二中步骤三相关知识（专项施工方案应包含内容），整合前述施工步骤中所形成的地下防水混凝土设计方案、进场材料检测计划、地下防水混凝土施工技术交底、地下防水混凝土渗漏防治方案、地下防水混凝土成品保护方案、地下防水混凝土质量验收等内容，完成地下防水混凝土专项施工方案。

二、自主训练

（1）根据子任务一的工作步骤及方法，查阅《地下防水工程质量验收规范》（GB 50208—2011），完成水泥砂浆防水层施工的工作任务。

（2）请同学们查阅《地下防水工程质量验收规范》（GB 50208—2011）中的观感质量检查，列出防水混凝土施工完成后的观感质量检查项目，并在小组之间进行交流。

任务三　子任务一：自主训练

三、任务考核

任务三子任务一考核表

任务名称：地下防水混凝土施工　　　　　　　　　　　　　　　　考核日期：

考核项目		分值	自评	考核要点
任务描述		10		任务的理解
任务实施	防水混凝土施工准备	10		地下防水设防的等级及构造、垫层施工与施工降水的技术要求
	进场材料的质量验收	10		材料的抽样及性能检测
	防水混凝土施工	15		防水混凝土施工
	质量通病与防治	15		常见渗漏问题的处理
	成品保护	10		防水混凝土施工的成品保护
	质量要求与验收	10		分项工程的检查内容及验收项目组成
拓展任务		20		拓展任务完成情况与质量
小计		100		

其他考核

考核人员	分值	评分	考核要点
（指导）教师评价	100		根据学生"任务实施引导"中的相关问题完成情况进行考核，建议教师主要通过肯定成绩引导学生，对于存在的主要问题可通过单独面谈反馈给学生
小组互评	100		主要从知识掌握、小组活动参与度等方面给予中肯评价
总评	100		总评成绩 = 自评成绩 ×40%+ 指导教师评价 ×35%+ 小组评价 ×25%

四、综合练习

1. 填空题

（1）防水混凝土材料要求采用的水泥强度等级不应低于_____；砂宜用_____，含泥量不得大于 30%，泥块含量不得大于 1.0%；石子的粒径宜为_____，含泥量不得大于 1.0%，泥块含量不得大于 0.5%。

（2）防水混凝土材料要求外加剂的技术性能，应符合国家或行业标准_____等品及以上的质量要求。

（3）防水混凝土的配合比应根据设计要求确定。每立方米混凝土的水泥用量不少于_____，水胶比不宜大于_____，砂率宜为_____，混凝土的坍落度不宜大于_____。

（4）防水混凝土的施工支模模板应_____，有足够的刚度、强度和稳定性。

（5）防水混凝土必须用_____充分均匀拌和，不得用人工搅拌，搅拌时间比普通混凝土搅拌时间略长，一般为_____s。

（6）防水混凝土运输中如果发生泌水离析，应在浇筑前进行_____。

（7）施工缝是防水较薄弱的部位，应不留或少留施工缝。施工缝可做成凸缝、凹缝、_____、_____。

2. 单选题

（1）防水混凝土材料要求采用的水泥强度等级不应低于（　　）级。

A. 42.5　　　　　B. 32.5　　　　　C. 52.5　　　　　D. 62.5

（2）防水混凝土材料要求砂宜用（　　）。

A. 中砂　　　　　B. 细砂　　　　　C. 粗砂　　　　　D. 粉砂

（3）防水混凝土的配合比应根据设计要求确定。每立方米混凝土的水泥用量不少于（　　）kg。

A. 200　　　　　B. 300　　　　　C. 400　　　　　D. 500

（4）防水混凝土的配合比应根据设计要求确定。其中水胶比不宜大于（　　）。

A. 0.5　　　　　B. 0.55　　　　　C. 0.60　　　　　D. 0.65

（5）防水混凝土必须用机械充分均匀拌和，不得用人工搅拌，搅拌时间比普通混凝土搅拌时间略长，一般为（　　）s。

A. 60　　　　　B. 100　　　　　C. 0.120　　　　　D. 150

（6）地下室防水层孔洞堵漏，当孔洞较小，水压不太大时，采用（　　）。

A. 直接堵漏法　　　　　　　　B. 下管堵漏法

C. 木楔子堵塞法　　　　　　　D. 下线法

3. 判断题

（1）防水混凝土的抗压强度和抗渗压力必须符合设计要求。防水混凝土的变形缝、施工缝、后浇带、穿墙管道、埋设件等设置和构造，均须符合设计要求，严禁有渗漏。（　　）

（2）防水混凝土结构既是承重结构、围护结构，又满足抗渗、耐腐和耐侵蚀结构要求。（　　）

（3）防水混凝土的施工支模模板严密不漏浆，有足够的刚度、强度和稳定性，固定模板的铁件不能穿过防水混凝土，结构用钢筋不得触击模板，避免形成渗水路径。（　　）

（4）防水混凝土必须用机械充分均匀拌和，不得用人工搅拌。（　　）

（5）运输中防止漏浆和离析泌水现象，如果发生泌水离析，应在浇筑前进行二次拌和。（　　）

（6）浇筑、振捣浇筑前应清理模板内的杂质、积水，模板应湿水。（　　）

（7）施工缝的要求：施工缝是防水较薄弱的部位，应不留或少留施工缝。（　　）

（8）养护与拆模养护对防水混凝土的抗渗性能影响很大，特别是早期湿润养护更为重要，如果早期失水，将导致防水混凝土的抗渗性大幅度降低。（　　）

（9）防水混凝土的抗压强度和抗渗压力必须符合设计要求。（　　）

（10）防水混凝土应密实，表面应平整，不得有露筋、蜂窝等缺陷；裂缝宽度应符合设计要求。（　　）

（11）防水混凝土变形缝、施工缝、后浇带、穿墙管道等防水构造应符合设计要求。（　　）

4. 名词解释

（1）简述防水混凝土的施工工艺要点。

（2）简述防水混凝土质量验收的要点。

子任务二　地下工程防水卷材施工

任务目标

通过本任务的学习，学生达到以下目标：

1. 熟悉地下工程防水卷材的适用范围和施工条件要求，掌握《地下工程防水技术规范》（GB 50108—2008）对卷材和胶粘剂的基本材料要求。

2. 掌握地下工程防水卷材的施工工艺过程。

3. 掌握地下工程防水卷材施工的质量标准与安全环保措施。

程序与方法

步骤一　防水卷材施工准备

地下防水工程属于复合防水，除混凝土结构防水层外，还应附加柔性防水层，柔性防水一般采用卷材防水。卷材防水层应采用高聚物改性沥青防水卷材和合成高分子防水卷材。所选用的基

任务三：子任务二：
任务实施引导

层处理剂、胶粘剂、密封材料等配套材料，均应与铺贴卷材材性相容。卷材防水层应在地下工程主体迎水面铺贴。卷材防水层用于建筑物地下室时，应铺设在结构底板垫层至墙体防水设防高度的结构基面上；用于单建式的地下工程时，应从结构底板垫层铺设至顶板基面，并应在外围形成封闭的防水层。卷材防水层厚度应符合表 3-18 规定。

表 3-18　不同品种卷材的厚度

卷材品种	高聚物改性沥青类防水卷材			合成高分子类防水卷材			
	弹体改性沥青防水卷材、改性沥青聚乙烯胎防水卷材	自粘聚合物改性沥青防水卷材		三元乙丙橡胶防水卷材	聚氯乙烯防水卷材	聚乙烯丙纶复合防水卷材	高分子自粘胶膜防水卷材
		聚酯毡胎体	无胎体				
单层厚度 /mm	≥ 4	≥ 3	≥ 1.5	≥ 1.5	≥ 1.5	卷材：≥ 0.9　黏结料：≥ 1.3　芯材厚度≥ 0.6	≥ 1.2
双层总厚度 / mm	≥ (4+3)	≥ (3+3)	≥ (1.5+1.5)	≥ (1.2+1.2)	≥ (1.2+1.2)	卷材：≥ (0.7+0.7)　黏结料：≥ (1.3+1.3)　芯材厚度≥ 0.5	—

卷材防水层适用于受侵蚀性介质作用或受振动作用的地下工程。卷材防水层适用于承受的压力不超过 0.5 MPa，当有其他荷载作用超过上述值时，应采取结构措施。卷材防水层在保持不小于 0.01 MPa 的侧压力下，才能较好发挥防水性能。

地下工程卷材防水构造的主体部分分为两层，即卷材防水层和卷材防水保护层。

一、施工降水、混凝土垫层施工

地下防水工程施工期间，必须保持地下水水位稳定在工程底部最低高程 0.5 m 以下，必要时应采取降水措施。对采用明沟排水的基坑，应保持基坑干燥。防水混凝土结构底板的混凝土垫层，强度等级不应小于 C15，厚度不应小于 100 mm，在软弱土层中不应小于 150 mm。

二、找平层施工

找平层施工时基层处理要求如下：

（1）卷材防水层应铺贴到整体混凝土结构或整体水泥砂浆找平层的基层上。整体混凝土或水泥砂浆找平层基层应牢固、表面平整、洁净干燥，不得有空鼓、松动、起皮、起砂现象，用 2 m 直尺检查，基层与直尺间的最大空隙不应超过 5 mm，且每 1 m 长度内不得多于 1 处，空隙处只允许平缓变化。铺贴防水卷材前，应清扫干净，基层面应干燥，并应涂刷基层处理剂；当基面潮湿时，应涂刷湿固化型胶粘剂或潮湿界面隔离剂。

（2）基层阴阳角均应做成圆弧，对高聚物改性沥青防水卷材圆弧半径应大于50 mm；合成高分子防水卷材圆弧半径应大于20 mm。

（3）卷材防水层铺贴前，所有穿过防水层的管道、预埋件等均应施工完毕，并做防水处理。防水层铺贴后，严禁在防水层上打眼开洞，以免引起渗漏。

（4）卷材防水严禁在雨天、雪天和五级风及其以上时施工，其施工环境温度为：当用高聚物改性沥青卷材时，用冷粘法不低于 5 ℃，热熔法不低于 -10 ℃；当用合成高分子防水卷材时，用冷粘法不低于 5 ℃，热风焊接法不低于 -10 ℃。

做 一 做

请同学们以学习小组为单位，学习交流地下防水卷材的适用范围，然后模拟施工员检查找平层施工质量。

三、防水卷材与密封材料

1. 外观检查

对材料的外观、品种、规格、包装、尺寸和数量等进行检查验收，并经监理单位或建设单位代表检查确认，形成相应验收记录。

2. 质量证明文件检查

对材料的质量证明文件进行检查，并经监理单位或建设单位代表检查确认，纳入工程技术档案。防水材料企业提供的产品出厂检验报告是对产品生产期间质量控制，产品型检验的有效期宜为一年。

3. 抽样送检

材料进场后应按表 3-19 规定抽样检验，检验应执行见证取样送检制度，并出具材料进场检验报告。检测项目的主要物理性能见表 3-20 和表 3-21。防水材料必须送至经过省级以上住房城乡建设主管部门资质认可和质量技术监督部门计量认证的检测单位进行检测。

表 3-19　地下防水工程材料现场抽样、外观质量检验标准

序号	材料名称	抽样数量	外观质量检验
1	高聚物改性沥青防水卷材	大于 1 000 卷抽 5 卷，每 500～1 000 卷抽 4 卷，100～499 卷抽 3 卷，100 卷以下抽 2 卷，进行规格尺寸和外观质量检验，在外观质量检验合格的卷材中，任取一卷作物理性能检验	断裂、皱褶、孔洞、剥离、边缘不整齐、胎体露白、未浸透、撒布材料粒度、颜色、每卷卷材的接头

序号	材料名称	抽样数量	外观质量检验
2	合成高分子防水卷材	大于1 000卷抽5卷，每500～1 000卷抽4卷，100～499卷抽3卷，100卷以下抽2卷，进行规格尺寸和外观质量检验。在外观质量检验合格的卷材中，任取一卷作物理性能检验	折痕、杂质、胶块、凹痕、每卷卷材的接头
3	混凝土建筑接缝用密封胶	每2 t为一批，不足2 t按一批抽样	细腻、均匀膏状物或黏稠液体，无气泡、结皮和凝胶现象
4	橡胶止水带	每月同标记的止水带产量为一批抽样	尺寸公差、开裂、缺胶、海绵状、中心孔偏心、凹痕、气泡、杂质、明疤
5	腻子型遇水膨胀止水条	每5 000 m为一批，不足5 000 m按一批抽样	尺寸公差、柔软、弹性匀质、色泽均匀、无明显凹凸
6	遇水膨胀止水胶	每5 t为一批，不足5 t按一批抽样	细腻、黏稠、均匀膏状物，无气泡、结皮和凝胶
7	弹性橡胶密封垫材料	每月同标记的密封垫产量为一批抽样	尺寸公差、开裂、缺胶、凹痕、气泡、杂质、明疤

表3-20　高聚物改性沥青类防水卷材的主要物理性能

项目		指　标				
		弹性体改性沥青防水卷材			自粘聚合物改性沥青防水卷材	
		聚酯毡胎体	玻纤毡胎体	聚乙烯膜胎体	聚酯毡胎体	无胎体
可溶物含量/(g·m⁻²)		3 mm 厚≥2 100 4 mm 厚≥2 900			3 mm 厚≥2 100	—
拉伸性能	拉力(N/50 mm)	≥800（纵横向）	≥500（纵横向）	≥140（纵向） ≥120（横向）	≥450（纵横向）	≥180（纵横向）
	延伸率/%	最大拉力时≥40（纵横向）	—	断裂时≥250（纵横向）	最大拉力时≥30（纵横向）	断裂时≥200（纵横向）
低温柔度/℃		－25，无裂纹				
热老化后低温柔度/℃		－20，无裂纹		－22，无裂纹		
不透水性		压力0.3 MPa，保持时间120 min，不透水				

表 3-21　合成高分子类防水卷材的主要物理性能

项目	指标			
	三元乙丙橡胶防水卷材	聚氯乙烯防水卷材	聚乙烯丙纶复合防水卷材	高分子自粘胶膜防水卷材
断裂拉伸强度	≥ 7.5 MPa	≥ 12 MPa	≥ 60 N/10 mm	≥ 100 N/10 mm
断裂伸长率 /%	≥ 450	≥ 250	≥ 300	≥ 400
低温弯折性 /℃	-40，无裂纹	-20，无裂纹	-20，无裂纹	-20，无裂纹
不透水性	压力 0.3 MPa，保持时间 120 min，不透水			
撕裂强度	≥ 25 kN/m	≥ 40 kN/m	≥ 20 N/10 mm	≥ 120N/10 mm
复合强度（表层与芯层）	—	—	≥ 1.2 N/mm	

提示：高聚物改性沥青、合成高分子防水卷材用于地下防水与屋面防水物理性能稍有不同，不同之处在用于地下防水时抗拉伸强度要求更高。

4．材料合格判定

材料的物理性能检验项目全部指标达到标准规定时，即为合格；若有一项指标不符合标准规定时，应在受检产品中重新取样进行该项指标复验，复验结果符合标准规定，则判定该批材料为合格。

检测报告应有主检、审核、批准人签章，盖有"检测单位公章"和"检测专用章"。复制报告未重新加盖"检测单位公章"和"检测专用章"的无效。

■ 四、基层处理剂及胶粘剂

基层处理剂一般都由卷材生产厂家配套供应，使用应按产品说明书的要求进行，主要有改性沥青溶液和冷底子油两类。

胶粘剂是由厂家配套供应，分为基层与卷材粘贴的胶粘剂、卷材与卷材搭接的胶粘剂两种。

防水卷材施工前必须对卷材与胶粘剂或胶粘带做剪切性能和剥离性能基本试验，以保证防水卷材接缝的粘结质量。

做一做

请同学们以学习小组为单位，学习交流地下防水卷材的材料检验要求，然后模拟施工人员选定防水卷材，做出材料检测计划。

步骤二 防水卷材施工

■ 一、铺贴各类防水卷材的要求

铺贴各类防水卷材应符合的要求如下：

（1）应铺设卷材加强层。

（2）结构底板垫层混凝土部位的卷材可采用空铺法或点粘法施工，其粘结位置、点粘面积应按设计要求确定；侧墙采用外墙外贴法的卷材及顶板部位的卷材应采用满粘法施工。

（3）卷材与基面、卷材与卷材之间的粘结应紧密、牢固；铺贴完成的卷材应平整顺直，搭接尺寸应准确，不得产生扭曲和皱褶。

（4）卷材搭接处和接头部位应粘结牢固，接缝口应封严或采用材性相容的密封材料封缝。

（5）铺贴立面卷材防水层时，应采取防水卷材下滑的措施。

（6）铺贴双层卷材时，上、下两层和相邻两幅卷材的接缝应错开 1/3 ～ 1/2 幅宽，且两层卷材不得相互垂直铺贴。防水卷材的搭接宽度见表 3-22。

表 3-22 防水卷材的搭接宽度

卷材品种	搭接宽度 /mm
弹性体改性沥青防水卷材	100
改性沥青聚乙烯胎防水卷材	100
自粘聚合物改性沥青防水卷材	80
三元乙丙橡胶防水卷材	100/60（胶粘剂 / 胶粘带）
聚氯乙烯防水卷材	60/80（单焊缝 / 双焊缝）
	100（胶粘剂）
聚乙烯丙纶复合防水卷材	100（黏结料）
高分子自粘胶膜防水卷材	70/80（自粘胶 / 胶粘带）

（7）弹性体改性沥青防水卷材和改性沥青聚乙烯胎防水卷材采用热熔法施工应加热均匀，不得加热不足或烧穿卷材，卷材表面热熔后应立即滚铺，排除卷材下面

的空气，并粘贴牢固，铺贴卷材应平整、顺直，搭接尺寸准确，不得扭曲、皱褶，搭接缝部位应溢出热熔的改性沥青，并粘贴牢固，封闭严密。

（8）铺贴自粘聚合物改性沥青防水卷材时基层表面应平整、干净、干燥，无尖锐凸起物或孔隙；铺贴卷材时，应将有黏性的一面朝向主体结构；外墙、顶板铺贴时，排除卷材下面的空气，应碾压粘贴牢固，铺贴卷材应平整、顺直，搭接尺寸准确，卷材表面不得有扭曲、皱褶和起泡现象；立面卷材铺贴完成后，应将卷材端头固定或嵌入墙体顶部的凹槽内，并应用密封材料封严；低温施工时，宜对卷材和基面采用热风适当加热，然后铺贴卷材。

（9）铺贴三元乙丙橡胶防水卷材应采用冷粘法施工，基底胶粘剂应涂刷均匀，不应露底、堆积；胶粘剂涂刷与卷材铺贴的间隔时间应根据胶粘剂的性能控制；铺贴卷材时不得用力拉伸卷材，排除卷材下面的空气，应碾压粘贴牢固；搭接部位的黏合面应清理干净，并应采用接缝专用胶粘剂或胶粘带粘结。

（10）铺贴聚氯乙烯防水卷材，接缝采用焊接法施工时，卷材的搭接缝可采用单焊缝或双焊缝。单焊缝搭接宽度应为 60 mm，有效焊接宽度不应小于 30 mm；双焊缝搭接宽度应为 80 mm，中间应留设 10～20 mm 的空腔，有效焊接宽度不宜小于 10 mm。焊接缝的结合面应清理干净，焊接应严密。应先焊长边搭接缝，后焊短边搭接缝，焊接处不得漏焊、跳焊或焊接不牢，焊接时不得损害非焊接部位的卷材。

（11）铺贴聚乙烯丙纶复合防水卷材应采用配套的聚合物水泥防水粘结材料；卷材与基层粘贴应采用满粘法，粘结面积不应小于 90%，刮涂黏结料应均匀，不应露底、堆积、流淌；固化后的黏结料厚度不应小于 1.3 mm；卷材接缝部位应挤出黏结料，接缝表面处应涂刮 1.3 mm 厚 50 mm 宽的聚合物水泥黏结料封边；施工完成的防水层应及时做保护层。

（12）高分子自粘胶膜防水卷材采用预铺反粘法施工时，卷材宜单层铺设；在潮湿基面铺设时，基面应平整坚固、无明显积水；卷材长边应采用自粘边搭接，短边应采用胶粘带搭接，卷材端部搭接应相互错开；立面施工时，在自粘边位置距离卷材边缘 10～20 mm 内，应每隔 400～600 mm 进行机械固定，并应保证固定位置被卷材完全覆盖；浇筑结构混凝土时不得损伤防水层。

■ 二、地下防水卷材施工工艺

地下防水工程一般把卷材防水层设在建筑结构的外侧，称为外防水。外防水受压力水的作用紧压在结构上，防水效果好。外防水有外防外贴法和外防内贴法两种施工方法。

1. 外防外贴法施工工艺

外防外贴法是在垫层铺贴好底板卷材防水层后，进行地下需防水结构的混凝土底板与墙体的施工，待墙体侧模拆除后，再将卷材防水层直接铺贴在墙面上，如图3-27所示。外防外贴法现场如图3-28所示。

外防外贴法的施工程序：首先浇筑需防水结构的底面混凝土垫层，并在垫层上砌筑部分永久性保护墙，墙下干铺油毡一层，墙高不小于$B+200 \sim 500$ mm（B为底板厚度）。在永久性保护墙上用石灰砂浆砌临时保护墙，墙高为150 mm×（油毡层数+1）；在永久性保护墙上和垫层上抹1：3水泥砂浆找平层，临时保护墙用石灰砂浆找平；待找平层基本干燥后，即在其上满涂冷底子油，然后分层铺贴立面和平面卷材防水层，并将顶端临时固定。在铺贴好的卷材表面做好保护层后，再进行需防水结构的底板和墙体施工。需防水结构施工完成后，将临时固定的接槎部位的各层卷材揭开并清理干净，再在此区段的外墙表面上补抹水泥砂浆找平层，找平层上满涂冷底子油，将卷材分层错槎搭接向上铺贴在结构表面上，并及时做好防水层的保护结构。

采用外防外贴法从底面转到立面铺贴的卷材，恰为有热熔胶的底面背对立墙基面，因此，这部位卷材用冷贴法粘铺在立墙上，与其衔接继续向上铺贴的卷材仍用热熔法铺贴，且上层卷材盖过下层卷材应不小于150 mm；同时，注意在不能连续做防水施工的间隙，立面防水层外部应做临时保护墙，其顶端应临时固定。墙面上铺贴的卷材如需接长时，应用阶梯形接缝相连接，上层卷材盖过下层卷材不应少于150 mm，如图3-29所示。

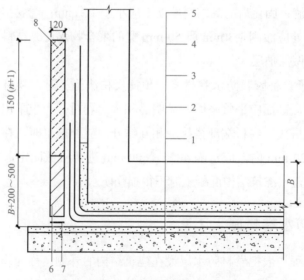

图3-27 外防外贴法防水示意

1—垫层；2—找平层；3—卷材防水层；4—保护层；5—构筑物；
6—油毡；7—永久性保护墙；8—临时性保护墙

图 3-28　外防外贴法施工现场

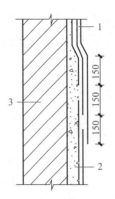

图 3-29　阶梯形接缝

1—卷材防水层；2—找平层；3—墙体结构

2. 外防内贴法施工工艺

外防内贴法（图 3-30）是浇筑混凝土垫层后，在垫层上将永久保护墙全部砌好，将卷材防水层铺贴在永久保护墙和垫层上。最后再进行地下需防水结构的混凝土底板与墙体的施工。外防内贴法适用于防水结构层高小于 3 m 的地下结构防水工程。外防水内贴法施工现场如图 3-31 所示。

外防内贴法的施工程序：首先，铺设底板的垫层，在垫层四周砌筑永久性保护墙。然后，在垫层及保护墙上抹 1∶3 水泥砂浆找平层，待其基本干燥，满涂冷底子油，沿保护墙与底层铺贴防水卷材。铺贴完毕后，在立面防水层上涂刷最后一层沥青胶时，趁热粘上干净的热砂或散麻丝，待冷却后，立即抹一层 10 ～ 20 mm 厚的 1∶3 水泥砂浆找平层；在平面上铺设一层 30 ～ 50 mm 厚的水泥砂浆或细石混凝土保护层。最后，再进行需防水结构的混凝土底板和墙体的施工。

小视频：外防内贴法施工工艺

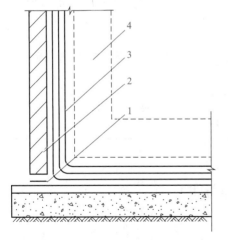

图 3-30　外防内贴法防水示意

1—平铺油毡层；2—砖保护墙；3—油毡防水层；
4—待施工的地下构筑物

图 3-31　外防内贴法施工现场

提示：卷材大面施工前，先对阴阳角部位与穿墙管道处做附加层增强处理，附加层宽度不小于 500 mm，其他具体施工要求参照任务三。

卷材施工完成后，及时组织质量检查，做好相应的隐蔽工程记录，质量检查合格后方可进行下一工序保护层施工。

做一做

请同学们以学习小组为单位，学习交流外防外贴法与外防内贴法施工各有什么优点和缺点？选定一种卷材铺贴施工方法模拟施工人员做出一份完整的技术交底。

步骤三　质量通病与防治

地下防水工程的防水包括两部分内容：一是主体防水即混凝土结构防水，二是附加防水即卷材（或涂膜）防水。任何一方处理不当，都会引发渗漏。附加防水层位于主体防水外层，是第一道防水设防，防水效果尤为重要。渗漏水的形式主要有孔洞漏水、裂缝漏水、防水面渗水或上述几种渗漏水的综合。

表 3-23 针对不同卷材防水质量问题造成的地下室渗漏进行分析并提出防治措施。

表 3-23　卷材防水渗漏原因及防治措施

现象	产生的主要原因	防止措施
卷材防水层渗漏	1. 由于保护墙和地下工程主体结构沉降不同，致使粘在保护墙上的防水卷材被撕裂而造成漏水。 2. 卷材的压力和搭接宽度不够，搭接不严，结构转角处卷材粘贴不严实，后浇或后砌结构时卷材被破坏，也会产生渗漏。 3. 管道处的卷材与管道粘结不严，出现张口、翘边现象引起渗漏	1. 施工方法宜采用外防外贴法。 2. 卷材的材料检测认真分析，严格遵守施工规定，施工完成后及时做好成品保护。 3. 细部构造处理严格遵守相关规定

解决防水混凝土渗漏质量通病应以预防为主，一旦发生渗漏，首先应分析渗漏原因，针对不同原因采取不同补漏方法。常用快硬水泥胶浆堵漏法、化学灌浆堵漏法等。

步骤四　成品保护

卷材防水层完工验收合格后应及时做保护层，保护层应符合下列规定：

（1）顶板的细石混凝土保护层与防水层之间宜设置隔离层。细石混凝土保护层厚度：机械回填时不宜小于 70 mm，人工回填时不宜小于 50 mm。

（2）底板的细石混凝土保护层厚度不应小于 50 mm。

（3）侧墙宜采用软质保护材料或铺抹 20 mm 厚 1 ∶ 2.5 水泥砂浆。

（4）回填土施工时，控制回填土的粒径，随时检查保护层的损坏情况，如损坏了防水层，应暂停回填施工及时对防水层进行修补，经检查合格后方可继续回填施工。

做一做

请同学们以小组为单位编制该任务工程地下防水卷材施工成品保护方案，并在小组之间交流。

步骤五　防水卷材质量要求与验收

地下卷材防水工程的验收应遵循《地下防水工程质量验收规范》（GB 50208—2011）的有关规定。地下卷材防水工程验收的一般顺序如图 3-32 所示。

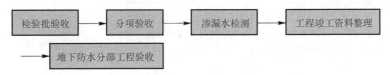

图 3-32　地下卷材防水工程验收的一般顺序

提示：地下防水卷材施工完成后，整个地下防水工程也全部完工，回填土完工后具备了地下防水分部工程验收条件。验收前，必须按照规范要求做渗漏水检查并做记录，验收所需资料需按要求整理组卷，符合要求后方可验收。

一、检验批验收

1. 检验批划分规定

地下防水工程的分项工程检验批和抽样检验数量应符合下列规定：

（1）主体结构防水工程和细部构造防水工程应按结构层、变形缝或后浇带等施工段划分检验批。

（2）各检验批的抽样检验数量：细部构造应为全数检查，其他均应符合相关规定。

提示：卷材防水层分项工程检验批的抽检数量，应按铺贴面积每 100 m² 抽查 1 处，每处 10 m²，且不得少于 3 处。

2．检验批的合格规定

检验批的合格判定应符合下列规定：

（1）主控项目的质量经抽样检验全部合格。

（2）一般项目的质量经抽样检验 80% 以上检测点合格，其余不得有影响使用功能的缺陷；对有允许偏差的检验项目，其最大偏差不得超过《地下防水工程质量验收规范》（GB 50208—2011）规定允许偏差的 1.5 倍；卷材防水检验批检查项目见表 3-24。

（3）施工具有明确的操作依据和完整的质量检查记录。

表 3-24　卷材防水检验批检查项目

	检查项目	检验方法
主控项目	卷材防水层所用卷材及其配套材料必须符合设计要求	检查产品合格证、产品性能检测报告和材料进场检验报告
	卷材防水层在转角处、变形缝、施工缝、穿墙管等部位做法必须符合设计要求	观察检查和检查隐蔽工程验收记录
一般项目	卷材防水层的搭接缝应粘贴或焊接牢固，密封严密，不得有扭曲、褶皱、翘边和起泡等缺陷	观察检查
	采用外防外贴法铺贴卷材防水层时，立面卷材接槎的搭接宽度，高聚物改性沥青类卷材应为 150 mm，合成高分子类卷材应为 100 mm，且上层卷材应盖过下层卷材	观察和尺量检查
	侧墙卷材防水层的保护层与防水层应结合紧密，保护层厚度应符合设计要求 卷材搭接宽度的允许偏差为 −10 mm	观察和尺量检查

二、分项工程验收

分项工程质量验收合格应符合下列规定：

（1）分项工程所含检验批的质量均应验收合格。

（2）分项工程所含检验批的质量验收记录应完整。

三、观感质量检查

地下卷材防水工程的观感质量检查应按规定项目逐项检查并打分。

多学一点

地下防水工程的观感质量检查应符合下列要求：

（1）防水混凝土应密实，表面应平整，不得有露筋、蜂窝等缺陷；裂缝宽度不得大于 0.2 mm，并不得贯通。

（2）水泥砂浆防水层应密实、平整，粘结牢固，不得有空鼓、裂纹、起砂、麻面等缺陷。

（3）卷材防水层接缝应粘贴牢固，封闭严密，防水层不得有损伤、空鼓、折皱等缺陷。

（4）涂料防水层应与基层粘结牢固，不得有脱皮、流淌、鼓泡、露胎、折皱等缺陷。

（5）塑料防水板防水层应铺设牢固、平整，搭接焊缝严密不得有下垂、绷紧破损现象。

（6）金属板防水层焊缝不得有裂纹、未熔合、夹渣、焊瘤咬边、烧穿、弧坑、针状气孔等缺陷。

（7）施工缝、变形缝、后浇带、穿墙管、埋设件、预留通道接头、桩头、孔口、坑、池等防水构造应符合设计要求。

（8）锚喷支护、地下连续墙、盾构隧道、沉井、逆筑结构的防水构造应符合设计要求。

（9）排水系统不淤积、不堵塞，确保排水畅通。

（10）结构裂缝的注浆效果应符合设计要求。

四、渗漏水调查与检测

地下工程应按设计的防水等级标准进行验收。地下工程渗漏水调查与检测记录齐全。地下工程完工应及时回填土，待地下水水位上升并稳定后，即对地下工程主体结构或衬砌结构进行渗漏水调查和检测，若背水面顶板或拱顶、侧墙和底板渗漏的水量超过《地下防水工程质量验收规范》（GB 50208—2011）防水等级标准规定，应对结构进行堵漏防渗处理，处理后可进行二次验收。

1. 渗漏水调查

地下防水工程质量验收时，施工单位必须提供"结构内表面的渗漏水展开图"。

房屋建筑地下工程应调查混凝土结构内表面的侧墙和底板。地下商场、地铁车站、军事地下库等单建式地下工程，应调查混凝土结构内表面的侧墙、底板和顶板。

施工单位应在"结构内表面的渗漏水展开图"上标示下列内容：

（1）发现的裂缝位置、宽度、长度和渗漏水现象。

（2）经堵漏及补强的原渗漏水部位。

（3）符合防水等级标准的渗漏水位置。

渗漏水现象的定义和标识符号，可按表 3-25 选用。

表 3-25　渗漏水现象的定义和标识符号

渗漏水现象	定义	标识符号
湿渍	地下混凝土结构背水面，呈现明显色泽变化的潮湿斑	#
渗水	地下混凝土结构背水面有水渗出，墙壁上可观察到明显的流挂水迹	○
水珠	地下混凝土结构背水面的顶板或拱顶，可观察到悬垂的水珠，其滴落间隔时间超过 1 min	◇
滴漏	地下混凝土结构背水面的顶板或拱顶，渗漏水滴落速度至少为 1 滴 /min	▽
线漏	地下混凝土结构背水面，呈渗漏成线或喷水状态	↓

"结构内表面的渗漏水展开图"应经检查、核对后，施工单位归入竣工验收资料。

2. 渗漏水检测

当被验收的地下工程有结露现象时，不宜进行渗漏检测。

渗漏水检测工具宜按照表 3-26 使用。

表 3-26　渗漏水检测工具

名称	用途
0.5～1 m 钢直尺	量测混凝土湿渍、渗水范围
精度为 0.1 mm 的钢尺	量测混凝土裂缝宽度
放大镜	观测混凝土裂缝
有刻度的塑料量筒	量测滴水量
秒表	量测渗漏水滴落速度
吸墨纸或报纸	检验湿渍与渗水
粉笔	在混凝土上用粉笔勾画湿渍、渗水范围
工作登高扶梯	顶板渗漏水、混凝土裂缝检验
带有密封缘口的规定尺寸方框	量测明显滴漏和连续渗流，根据工程需要可自行设计

■ 五、工程资料组卷

地下防水工程竣工和记录资料应符合表 3-27 的规定，地下防水工程验收后，应填写子分部工程质量验收记录，随同工程验收验评资料分别由建设单位和施工单位存档。

表 3-27　地下防水工程竣工和记录资料

序号	项目	竣工和记录资料
1	防水设计	施工图、设计交底记录、图纸会审记录、设计变更通知单和材料代用核定单
2	资质、资格证明	施工单位资质及施工人员上岗证复印证件
3	施工方案	施工方法、技术措施、质量保证措施
4	技术交底	施工操作要求及安全等注意事项
5	材料质量证明	产品合格证、产品性能检测报告、材料进场检验报告
6	混凝土、砂浆质量证明	试配及施工配合比、混凝土抗压强度、抗渗性能检验报告、砂浆粘结强度、抗渗性能检验报告
7	中间检查记录	施工质量验收记录、隐蔽工程验收记录、施工检查记录
8	检验记录	渗漏水检测记录、观感质量检查记录
9	施工日志	逐日施工情况
10	其他资料	事故处理报告、技术总结

地下防水工程应对下列部位做好隐蔽工程验收记录：

（1）防水层的基层；

（2）防水混凝土结构和防水层被掩盖的部位；

（3）变形缝、施工缝、后浇带等防水构造做法；

（4）管道穿过防水层的封固部位；

（5）渗排水层、盲沟和坑槽；

（6）结构裂缝注浆处理部位；

（7）衬砌前围岩渗漏水处理部位；

（8）基坑的超挖和回填。

■ 六、子分部工程验收

子分部工程质量验收合格应符合下列规定：

（1）子分部工程所含分项工程的质量均应验收合格；

（2）质量控制资料应完整；

（3）地下工程渗漏水检测应符合设计的防水等级标准要求；

（4）观感质量检查应符合要求。

地下防水工程验收后，应填写子分部工程质量验收记录，随同工程验收验评资料分别由建设单位和施工单位存档。

想 — 想

1．地下防水工程施工质量检查与验收记录包括哪些内容？

2．地下防水工程质量验收需要哪些人员参加？

七、质量验收的程序和组织

地下防水工程质量验收的程序和组织应符合现行国家标准《地下防水工程质量验收规范》（GB 50208—2011）的有关规定。

做 — 做

请同学们以小组为单位，分别模拟施工方与监理方，组织己方所需的资料，对本任务的地下防水工程进行预验收。

巩固与拓展

一、知识巩固

对照图3-33，梳理自己所掌握的知识体系，并与同学相互交流、研讨个人对某些知识点或技能技巧的理解。

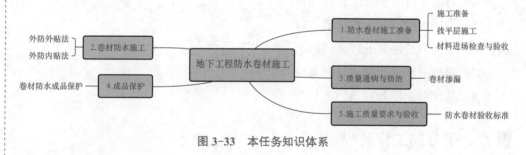

图 3-33　本任务知识体系

做 — 做

本任务的最终目标是完成一份地下工程防水卷材专项施工方案，回顾任务二中步骤三相关知识（专项施工方案应包含内容），整合前述施工步骤中所形成：地下工程防水卷材设计方案、进场材料检测计划、地下工程防水卷材施工技术交底、地下工程防水卷材渗漏防治方案、地下工程防水卷材成品保护方案、地下工程防水卷材质量验收等内容，完成地下工程防水卷材专项施工方案。

■ 二、自主训练

（1）根据子任务二的工作步骤及方法，查阅《地下防水工程质量验收规范》（GB 50208—2011），完成涂料防水层防水施工的工作任务。

（2）请同学们查阅《地下防水工程质量验收规范》（GB 50208—2011）中的地下工程渗漏水检测，完成地下工程渗漏水检测记录填写，并在小组之间交流。

任务三：子任务二
自主训练

■ 三、任务考核

任务三子任务二考核表

任务名称：地下工程防水卷材施工 　　　　　　　　　　　　　　考核日期：

考核项目		分值	自评	考核要点
任务描述		10		任务的理解
任务实施	防水卷材施工准备	10		地下防水卷材的适用范围、垫层施工与施工降水的技术要求
	进场材料的质量验收	10		材料的抽样及性能检测
	防水卷材施工	15		防水混凝土施工
	质量通病与防治	15		常见渗漏问题的处理
	成品保护	10		防水卷材的成品保护
	质量要求与验收	10		分项工程的检查内容及验收项目组成
拓展任务		20		拓展任务完成情况与质量
小计		100		
其他考核				
考核人员		分值	评分	考核要点
（指导）教师评价		100		根据学生"任务实施引导"中的相关问题完成情况进行考核，建议教师主要通过肯定成绩引导学生，对于存在的主要问题可通过单独面谈反馈给学生
小组互评		100		主要从知识掌握、小组活动参与度等方面给予中肯评价
总评		100		总评成绩＝自评成绩×40%＋指导教师评价×35%＋小组评价×25%

■ 四、综合练习

1. 填空题

（1）地下防水工程一般将卷材防水层设在建筑结构的_____，称为外防水。

（2）外防水有两种施工方法，即_____和_____。

（3）卷材防水层应在地下工程主体_____铺贴。

（4）卷材防水层应采用_____和_____。

（5）所选用的基层处理剂、胶粘剂、密封材料等配套材料，均应与铺贴卷材材性_____。

（6）卷材防水层是依靠_____由_____铺贴而成的，要求结构层坚固、形式简单，粘贴卷材的基层面要平整干燥。

（7）铺设卷材防水层时，墙上卷材应_____铺贴，相邻卷材的搭接宽度应不小于_____，上、下层卷材的接缝应相互错开_____卷材宽度。

（8）外防外贴法应先浇筑需防水结构的底面混凝土垫层，在垫层上砌筑部分永久性保护墙，墙高不小于_____mm（B 为底板厚度）。

（9）墙面上铺贴的卷材如需接长时，应用_____接缝相连接，上层卷材盖过下层卷材不应少于_____mm。

（10）外防外贴法在永久性保护墙上用石灰砂浆砌临时保护墙，墙为_____。

（11）外防内贴法适用于防水结构层高小于_____m 的_____防水工程。

2. 选择题

（1）卷材防水层应在地下工程主体（　　　）铺贴。

A. 迎水面　　　　　　　　　　　　B. 背水面

C. 迎水面和背水面　　　　　　　　D. 任意位置

（2）铺设卷材防水层时，墙上卷材应（　　　）铺贴。

A. 垂直方向　　　B. 水平方向　　　C. 斜方向　　　　D. 任意方向

（3）铺设卷材防水层时，墙上卷材相邻卷材搭接宽度应不小于（　　　）mm。

A. 50　　　　　　B. 100　　　　　　C. 150　　　　　　D. 200

（4）铺设卷材防水层时，墙上卷材上、下层卷材的接缝应相互错开（　　　）卷材宽度。

A. $1/5 \sim 1/4$　　　　　　　　　　B. $1/4 \sim 1/3$

C. $1/3 \sim 1/2$　　　　　　　　　　D. $1/6 \sim 1/2$

（5）外防外贴法应先浇筑需防水结构的底面混凝土垫层，在垫层上砌筑部分永久性保护墙，墙高不小于（　　　）mm（B 为底板厚度）。

A. $B+200 \sim 500$　　　　　　　　B. $B+100 \sim 500$

C. $B+200 \sim 600$　　　　　　　　D. $B+300 \sim 600$

（6）墙面上铺贴的卷材如需接长时，应用（　　　）接缝相连接，上层卷材盖过下层卷材不应少于 150 mm。

A. 凹形　　　　　B. 阶梯形　　　　C. 凸形　　　　　D. V 形

（7）墙面上铺贴卷材时，上层卷材盖过下层卷材不应少于（　　　）mm。

A. 50　　　　　　B. 100　　　　　　C. 150　　　　　　D. 200

（8）外防外贴法在永久性保护墙上用石灰砂浆砌临时保护墙，墙高为（　　　）。

A. 150 mm×（油毡层数 +2）　　　B. 150 mm×（油毡层数 +1）

C. 160 mm×（油毡层数 +1）　　　D. 160 mm×（油毡层数 +2）

（9）外防内贴法适用于防水结构层高小于（　　）m 的地下结构防水工程。

A．3　　　　　　　B．4　　　　　　　C．5　　　　　　　D．6

（10）外防内贴法适用于防水结构层高小于 3 m 的（　　）结构防水工程。

A．地上　　　　　　B．地下　　　　　　C．全部　　　　　　D．混凝土

3. 判断题

（1）卷材防水层应采用高聚物改性沥青防水卷材和合成高分子防水卷材。（　　）

（2）所选用的基层处理剂、胶粘剂、密封材料等配套材料，均应与铺贴卷材材性相容。（　　）

（3）卷材防水层是依靠结构的刚度由多层卷材铺贴而成的，要求结构层坚固、形式简单，粘贴卷材的基层面要平整干燥。（　　）

（4）墙上卷材应垂直方向铺贴，相邻卷材搭接宽度应不小于 150 mm，上、下层卷材的接缝应相互错开 1/3～1/2 卷材宽度。（　　）

（5）墙面上铺贴的卷材如需接长时，应用阶梯形接缝相连接，上层卷材盖过下层卷材不应少于 100 mm。（　　）

（6）卷材防水卷材接缝应粘结牢固、封闭严密，防水层不得有损伤、空鼓、皱褶等缺陷。（　　）

（7）卷材防水涂层应粘结牢固，不得有脱皮、流淌、鼓泡、露胎、皱褶等缺陷；涂层厚度应符合设计要求。（　　）

（8）卷材防水塑料板防水层铺设牢固、平整，搭接焊缝严密，不得有焊穿、下垂、绷紧现象。（　　）

（9）卷材防水金属板防水层焊缝不得有裂纹、未熔合、夹渣、焊瘤、咬边、弧穿、针状气孔等缺陷；保护涂层应符合设计要求。（　　）

（10）沥青操作人员不得赤脚、穿短衣服进行作业；手不得直接接触沥青，并应戴口罩，加强通风。（　　）

4. 名词解释

（1）外防水。

（2）卷材防水层。

（3）外防外贴法。

（4）外防内贴法。

5. 简答题

（1）简述外防外贴法的施工程序。

（2）简述卷材防水层的铺设要点。

（3）简述卷材防水质量验收。

任务四　屋面防水工程施工

任务目标

知识目标	技能目标	素质及思政目标
1. 熟悉屋面基本构造层次。 2. 掌握屋面防水等级和设防要求。 3. 掌握屋面找坡层、找平层、保温层、防水层、保护层的施工工艺过程及施工工艺。 4. 掌握屋面卷材防水施工的质量标准与安全环保措施	1. 能根据防水材料的检验标准，对进场材料进行检验和评判。 2. 能根据绘出的图纸、屋面构造图、技术规范等，编制屋面防水的施工方案。 3. 能模拟施工现场进行施工技术、安全交底。 4. 能按照现行标准《屋面工程质量验收规范》（GB 50207—2012），检查屋面防水卷材施工质量。 5. 能够分析屋面防水工程质量通病产生的原因及预防措施	1. 培养自主学习能力。 2. 培养精益求精的工匠精神。 3. 关注行业发展培养技术创新能力。 4. 能够自主探索不同的技术实施方法、培养科学精神。 5. 能够自主按照规范开展施工组织，培养良好的职业素养。 6. 能够和同学及教学人员建立良好的合作关系

任务描述

● 任务内容

某建筑工程为框架剪力墙结构，地上 12 层，地下 1 层。建筑总面积为 38 100 m2。屋面防水等级为二级，按设计要求，防水材料采用防水性能好，抗老化能力强的 SBS 高聚物改性沥青卷材。

任务四：任务实施引导

屋面设计做法为：①结构层：现浇钢筋混凝土屋面板；②找坡层：水泥珍珠岩找 3% 坡，最薄处 30 mm 厚；③找平层：20 mm 厚 1∶3 水泥砂浆找平层，砂浆中掺入聚丙乙烯或棉纶 -6 纤维，0.75 ～ 0.9 kg/m³；④防水层：（3+3）mm 厚 SBS 高聚物改性沥青卷材防水；⑤保温层：140 mm 厚聚苯板（堆积密度 > 20 kg/m³）；⑥隔离层：干铺无纺聚酯纤维布一层；⑦保护层：40 mm 厚细石混凝土保护层（内配 φ4 @ 150×150 钢筋网片），凡屋面留洞处及女儿墙转角处均需加有胎体增强材料的附加层。根据该工程概况及屋面设计做法，编制该工程屋面防水工程专项施工方案。

● 实施条件

1. 施工图纸、建筑做法、《屋面工程技术规范》（GB 50345—2012）、《屋面工程质量验收规范》（GB 50207—2012）、屋面防水构造图集及其他工具书等资料。

2．存放一定量的卷材和施工工具供学生认知。

3．联系与教学相适应的工地，方便现场质量检测。

4．方案书和交底书、质量检验报告供任务实施时使用。

相关知识

屋面工程由防水、保温、隔热等构造层组成。屋面工程包括屋面工程设计和屋面工程施工。屋面工程设计应遵循"保证功能、构造合理、防排结合、优选用材、美观耐用"的原则；屋面工程施工应遵循"按图施工、材料检验、工序检查、过程控制、质量验收"的原则。

一、屋面工程符合基本要求

（1）具有良好的排水功能和阻止水侵入建筑物内的作用；

（2）冬季保温减少建筑物的热损失并防止结露。

（3）夏季隔热降低建筑物对太阳辐射热的吸收。

（4）适应主体结构的受力变形和温差变形。

（5）承受风、雪荷载的作用不产生破坏。

（6）具有阻止火势蔓延的性能。

（7）满足建筑外形美观和使用的要求。

思政小课堂：

工匠精神——秦砖

二、屋面基本构造层次

屋面基本构造层次见表 4-1。

表 4-1 屋面基本构造层次

屋面类型	基本构造层次（自上而下）
卷材、涂膜屋面	保护层、隔离层、防水层、找平层、保温层、找平层、找坡层、结构层
	保护层、保温层、防水层、找平层、找坡层、结构层
	种植隔热层、保护层、耐根穿刺防水层、防水层、找平层、保温层、找平层、找坡层、结构层
	架空隔热层、防水层、找平层、保温层、找平层、找坡层、结构层
	蓄水隔热层、隔离层、防水层、找平层、保温层、找平层、找坡层、结构层
瓦屋面	块瓦、挂瓦条、顺水条、持钉层、防水层或防水垫层、保温层、结构层
	沥青瓦、持钉层、防水层或防水垫层、保温层、结构层
金属板屋面	压型金属板、防水垫层、保温层、承托网、支承结构
	上层压型金属板、防水垫层、保温层、底层压型金属板、支承结构
	金属面绝热夹芯板、支承结构

屋面类型	基本构造层次（自上而下）
玻璃采光顶	玻璃面板、金属框架、支承结构
	玻璃面板、点支承装置、支承结构

正置式屋面构造如图 4-1 所示，倒置式屋面构造如图 4-2 所示。

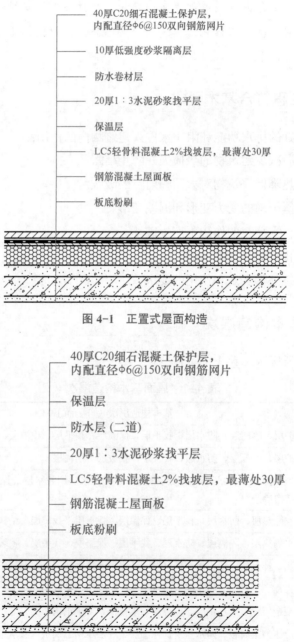

图 4-1　正置式屋面构造

图 4-2　倒置式屋面构造

三、屋面工程设计

1. 屋面防水等级和设防要求

屋面防水工程根据建筑物的类别、重要程度、使用功能要求确定防水等级，并应按相应等级进行防水设防；对防水有特殊要求的建筑屋面，应进行专项防水设计。屋面防水等级和设防要求应符合表 4-2 的规定。

表 4-2　屋面防水等级和设防要求

防水等级	建筑类别	设防要求
Ⅰ级	重要建筑和高层建筑	两道防水设防
Ⅱ级	一般建筑	一道防水设防

2. 屋面排水设计

（1）屋面排水方式的选择，根据建筑物屋顶形式、气候条件、使用功能等因素确定。

（2）屋面排水方式可分为有组织排水和无组织排水。有组织排水时，宜采用雨水收集系统。

（3）高层建筑屋面宜采用内排水；多层建筑屋面宜采用有组织外排水；低层建筑及檐高小于 10 m 的屋面，可采用无组织排水。多跨及汇水面积较大的屋面宜采用天沟排水，天沟找坡较长时，宜采用中间内排水和两端外排水。

《屋面工程技术规范》
（GB 50345—2012）

（4）屋面排水系统设计采用的雨水流量、暴雨强度、降雨历时、屋面汇水面积等参数，应符合现行国家标准《建筑给水排水设计标准》（GB 50015—2019）的有关规定。

（5）屋面应适当划分排水区域，排水路线应简洁，排水应通畅。

（6）采用重力式排水时，屋面每个汇水面积内，雨水排水立管不宜少于 2 根；水落口和水落管的位置，应根据建筑物的造型要求和屋面汇水情况等因素确定。

（7）高跨屋面为无组织排水时，其低跨屋面受水冲刷的部位应加铺一层卷材，并应设 40 ～ 50 mm 厚、300 ～ 500 mm 宽的 C20 细石混凝土保护层；高跨屋面为有组织排水时，水落管下应加设水簸箕。

（8）暴雨强度较大地区的大型屋面，宜采用虹吸式屋面雨水排水系统。

（9）严寒地区应采用内排水，寒冷地区宜采用内排水。

（10）湿陷性黄土地区宜采用有组织排水，并应将雨雪水直接排至排水管网。

（11）檐沟、天沟的过水断面，应根据屋面汇水面积的雨水流量经计算确定。钢筋混凝土檐沟、天沟净宽不应小于 300 mm，分水线处最小深度不应小于 100 mm；沟内纵向坡度不应小于 1%，沟底水落差不得超过 200 mm；檐沟、天沟排水不得流经变形缝和防火墙。

（12）金属檐沟、天沟的纵向坡度宜为 0.5%。

（13）坡屋面檐口宜采用有组织排水，檐沟和水落斗可采用金属或塑料成品。

3. 找坡层和找平层设计

（1）混凝土结构层宜采用结构找坡，坡度不应小于 3%；当采用材料找坡时，宜采用质量轻、吸水率低和有一定强度的材料，坡度宜为 2%。

（2）卷材、涂膜的基层宜设找平层。找平层的厚度和技术要求应符合表 4-3 的规定。

表 4-3　找平层厚度和技术要求

找平层分类	适用的基层	厚度 /mm	技术要求
水泥砂浆	整体现浇混凝土板	15 ～ 20	1 ：2.5 水泥砂浆
	整体材料保温层	20 ～ 25	
细石混凝土	装配式混凝土板	30 ～ 35	C20 混凝土，宜加钢筋网片
	板状材料保温层		C20 混凝土

（3）保温层上的找平层应留设分格缝，缝宽宜为 5 ～ 20 mm，纵横缝的间距不宜大于 6 m。

4. 卷材及涂膜防水层设计

（1）卷材、涂膜屋面防水等级和防水做法应符合表 4-4 的规定。

表 4-4　卷材、涂膜屋面防水等级和防水做法

防水等级	防水做法
I 级	卷材防水层和卷材防水层，卷材防水层和涂膜防水层、复合防水层
II 级	卷材防水层、涂膜防水层、复合防水层
注：在 I 级屋面防水做法中，防水层仅作单层卷材时，应符合有关单层防水卷材屋面技术的规定。	

（2）防水卷材选择原则。

1）防水卷材可按合成高分子防水卷材和高聚物改性沥青防水卷材选用，其外观质量和品种、规格应符合国家现行有关材料标准的规定。

2）应根据当地历年最高气温、最低气温、屋面坡度和使用条件等因素，选择耐热度、低温柔性相适应的卷材。

3）应根据地基变形程度、结构形式、当地年温差、日温差和振动等因素，选择拉伸性能相适应的卷材。

4）应根据屋面卷材的暴露程度，选择耐紫外线、耐老化、耐霉烂相适应的卷材。

5）种植隔热屋面的防水层应选择耐根穿刺防水卷材。

（3）防水涂料选择原则。

1）防水涂料可按合成高分子防水涂料、聚合物水泥防水涂料和高聚物改性沥青防水涂料选用，其外观质量和品种、型号应符合国家现行有关材料标准的规定。

2）应根据当地历年最高气温、最低气温、屋面坡度和使用条件等因素，选择耐热性、低温柔性相适应的涂料。

3）应根据地基变形程度、结构形式、当地年温差、日温差和振动等因素，选择拉伸性能相适应的涂料。

4）应根据屋面涂膜的暴露程度，选择耐紫外线、耐老化相适应的涂料。

5）屋面坡度大于 25% 时，应选择成膜时间较短的涂料。

（4）复合防水层设计原则。

1）选用的防水卷材与防水涂料应相容。

2）防水涂膜宜设置在防水卷材的下面。

3）挥发固化型防水涂料不得作为防水卷材粘结材料使用。

4）水乳型或合成高分子类防水涂膜上面，不得采用热熔型防水卷材。

5）水乳型或水泥基类防水涂料，应待涂膜实干后再采用冷粘铺贴卷材。

（5）每道卷材防水层最小厚度应符合表 4-5 的规定。

表 4-5　每道卷材防水层最小厚度　　　　　　　　mm

防水等级	合成高分子防水卷材	高聚物改性沥青防水卷材		
		聚酯胎、玻纤胎、聚乙烯胎	自粘聚酯胎	自粘无胎
Ⅰ级	1.2	3.0	2.0	1.5
Ⅱ级	1.5	4.0	3.0	2.0

（6）每道涂膜防水层最小厚度应符合表 4-6 的规定。

表 4-6　每道涂膜防水层最小厚度　　　　　　　　mm

防水等级	合成高分子防水涂膜	聚合物水泥防水涂膜	高聚物改性沥青防水涂膜
Ⅰ级	1.5	1.5	2.0
Ⅱ级	2.0	2.0	3.0

（7）复合防水层最小厚度应符合表 4-7 的规定。

表 4-7　复合防水层最小厚度　　　　　　　　mm

防水等级	合成高分子防水卷材＋合成高分子防水涂膜	自粘聚合物改性沥青防水卷材（无胎）＋合成高分子防水涂膜	高聚物改性沥青防水卷材＋高聚物改性沥青防水涂膜	聚乙烯丙纶卷材＋聚合物水泥防水胶结材料
Ⅰ级	1.2＋1.5	1.5＋1.5	3.0＋2.0	（0.7＋1.3）×2
Ⅰ级	1.0＋1.0	1.2＋1.0	3.0＋1.2	0.7＋1.3

（8）下列情况不得作为屋面的一道防水设防。

1）混凝土结构层；

2）Ⅰ型喷涂硬泡聚氨酯保温层。

3）装饰瓦及不搭接瓦。

4）隔汽层。

5）细石混凝土层。

6）卷材或涂膜厚度不符合规范要求的防水层。

（9）附加层设计应符合下列规定：

1）檐沟、天沟与屋面交接处、屋面平面与立面交接处，以及水落口、伸出屋面管道根部等部位，应设置卷材或涂膜附加层。

2）屋面找平层分格缝等部位，宜设置卷材空铺附加层，其空铺宽度不宜小于100 mm。

3）附加层最小厚度应符合表 4-8 的规定。

表 4-8　附加层最小厚度　　　　　　　　　　　mm

附加层材料	最小厚度
合成高分子防水卷材	1.2
高聚物改性沥青防水卷材（聚酯胎）	3.0
合成高分子防水涂料、聚合物水泥防水涂料	1.5
高聚物改性沥青防水涂料	2.0

（10）防水卷材接缝应采用搭接缝，卷材搭接宽度应符合表 4-9 的规定。

表 4-9　卷材搭接宽度　　　　　　　　　　　mm

卷材类别	搭接宽度	
合成高分子防水卷材	胶粘剂	80
	胶粘带	50
	单缝焊	60，有效焊接宽度不小于 25
	双缝焊	80，有效焊接宽度 10×2＋空腔宽
高聚物改性沥青防水卷材	胶粘剂	100
	自粘	80

（11）胎体增强材料设计应符合下列规定：

1）胎体增强材料宜采用聚酯无纺布或化纤无纺布。

2）胎体增强材料长边搭接宽度不应小于 50 mm，短边搭接宽度不应小于 70 mm。

3）上下层胎体增强材料的长边搭接缝应错开，且不得小于幅宽的 1/3。

4）上下层胎体增强材料不得相互垂直铺设。

5. 保温层、隔热层设计

（1）保温层应根据屋面所需传热系数或热阻选择轻质、高效的保温材料，保温层及其保温材料应符合表 4-10 的规定。

表 4-10　保温层及其保温材料

保温层	保温材料
板状材料保温层	聚苯乙烯泡沫塑料，硬质聚氨酯泡沫塑料，膨胀珍珠岩制品，泡沫玻璃制品，加气混凝土砌块，泡沫混凝土砌块
纤维材料保温层	玻璃棉制品，岩棉、矿渣棉制品
整体材料保温层	喷涂硬泡聚氨酯，现浇泡沫混凝土

（2）保温层设计应符合下列规定：

1）保温层宜选用吸水率低、密度和导热系数小，并具有一定强度的保温材料。

2）保温层厚度应根据所在地区现行建筑节能设计标准，经计算确定。

3）保温层的含水率，应相当于该材料在当地自然风干状态下的平衡含水率。

4）屋面为停车场等高荷载情况时，应根据计算确定保温材料的强度。

5）纤维材料做保温层时，应采取防止压缩的措施。

6）屋面坡度较大时，保温层应采取防滑措施。

7）封闭式保温层或保温层干燥有困难的卷材屋面，宜采取排汽构造措施。

（3）屋面热桥部位，当内表面温度低于室内空气的露点温度时，均应作保温处理。

（4）当严寒及寒冷地区屋面结构冷凝界面内侧实际具有的蒸汽渗透阻小于所需值，或其他地区室内湿气有可能透过屋面结构层进入保温层时，应设置隔汽层。隔汽层的设计应符合下列规定：

1）隔汽层应设置在结构层上、保温层下。

2）隔汽层应选用气密性、水密性好的材料。

3）隔汽层应沿周边墙面向上连续铺设，高出保温层上表面不得小于 150 mm。

（5）屋面排汽构造设计应符合下列规定：

1）找平层设置的分格缝可兼作排汽道，排汽道的宽度宜为 40 mm。

2）排汽道应纵横贯通，并应与大气连通的排气孔相通，排气孔可设在檐口下或纵横排汽道的交叉处。

3）排汽道纵横间距宜为 6 m，屋面面积每 36 m² 宜设置一个排气孔，排气孔应作防水处理。

4）在保温层下也可铺设带支点的塑料板。

（6）倒置式屋面保温层设计应符合下列规定：

1）倒置式屋面的坡度宜为3%。

2）保温层应采用吸水率低，且长期浸水不变质的保温材料。

3）板状保温材料的下部纵向边缘应设排水凹缝。

4）保温层与防水层所用材料应相容匹配。

5）保温层上面宜采用块体材料或细石混凝土做保护层。

6）檐沟、水落口部位应采用现浇混凝土堵头或砖砌堵头，并应做好保温层排水处理。

（7）屋面隔热层设计应根据地域、气候、屋面形式、建筑环境、使用功能等条件，采取种植、架空和蓄水等隔热措施。

（8）种植隔热层的设计应符合下列规定：

1）种植隔热层的构造层次应包括植被层、种植土层、过滤层和排水层等。

2）种植隔热层所用材料及植物等应与当地气候条件相适应，并应符合环境保护要求。

3）种植隔热层宜根据植物种类及环境布局的需要进行分区布置，分区布置应设挡墙或挡板。

4）排水层材料应根据屋面功能及环境、经济条件等进行选择；过滤层宜采用 $200 \sim 400 \ \mathrm{g/m^2}$ 的土工布，过滤层应沿种植土周边向上铺设至种植土高度。

5）种植土四周应设挡墙，挡墙下部应设泄水孔，并应与排水出口连通。

6）种植土应根据种植植物的要求选择综合性能良好的材料；种植土厚度应根据不同种植土和植物种类等确定。

7）种植隔热层的屋面坡度大于20%时，其排水层、种植土应采取防滑措施。

（9）架空隔热层的设计应符合下列规定：

1）架空隔热层宜在屋顶有良好通风的建筑物上采用，不宜在寒冷地区采用。

2）当采用混凝土板架空隔热层时，屋面坡度不宜大于5%。

3）架空隔热制品及其支座的质量应符合国家现行有关材料标准的规定。

4）架空隔热层的高度宜为 $180 \sim 300 \ \mathrm{mm}$，架空板与女儿墙的距离不应小于 $250 \ \mathrm{mm}$。

5）当屋面宽度大于 $10 \ \mathrm{m}$ 时，架空隔热层中部应设置通风屋脊。

6）架空隔热层的进风口，宜设置在当地炎热季节最大频率风向的正压区，出风口宜设置在负压区。

（10）蓄水隔热层的设计应符合下列规定：

1）蓄水隔热层不宜在寒冷地区、地震设防地区和振动较大的建筑物上采用。

2）蓄水隔热层的蓄水池应采用强度等级不低于C25、抗渗等级不低于P6的现浇混凝土，蓄水池内宜采用 $20 \ \mathrm{mm}$ 厚防水砂浆抹面。

3）蓄水隔热层的排水坡度不宜大于 0.5%。

4）蓄水隔热层应划分为若干蓄水区，每区的边长不宜大于 10 m，在变形缝的两侧应分成两个互不连通的蓄水区。长度超过 40 m 的蓄水隔热层应分仓设置，分仓隔墙可采用现浇混凝土或砌体。

5）蓄水池应设溢水口、排水管和给水管，排水管应与排水出口连通。

6）蓄水池的蓄水深度宜为 150 ～ 200 mm。

7）蓄水池溢水口距分仓墙顶面的高度不得小于 100 mm。

8）蓄水池应设置人行通道。

6. 接缝密封防水设计

（1）屋面接缝应按密封材料的使用方式，分为位移接缝和非位移接缝。屋面接缝密封防水技术要求应符合表 4-11 的规定。

表 4-11　屋面接缝密封防水技术要求

接缝种类	密封部位	密封材料
位移接缝	混凝土面层分格接缝	改性石油沥青密封材料、合成高分子密封材料
	块体面层分格缝	改性石油沥青密封材料、合成高分子密封材料
	采光顶玻璃接缝	硅酮耐候密封胶
	采光顶周边接缝	合成高分子密封材料
	采光顶隐框玻璃与金属框接缝	硅酮结构密封胶
	采光顶明框单元板块间接缝	硅酮耐候密封胶
非位移接缝	高聚物改性沥青卷材收头	改性石油沥青密封材料
	合成高分子卷材收头及接缝封边	合成高分子密封材料
	混凝土基层固定件周边接缝	改性石油沥青密封材料、合成高分子密封材料
	混凝土构件间接缝	改性石油沥青密封材料、合成高分子密封材料

（2）接缝密封防水设计应保证密封部位不渗水，并应做到接缝密封防水与主体防水层相匹配。

（3）密封材料的选择应符合下列规定：

1）应根据当地历年最高气温、最低气温、屋面构造特点和使用条件等因素，选择耐热度、低温柔性相适应的密封材料。

2）应根据屋面接缝变形的大小以及接缝的宽度，选择位移能力相适应的密封材料。

3）应根据屋面接缝粘结性要求，选择与基层材料相容的密封材料。

4）应根据屋面接缝的暴露程度，选择耐高低温、耐紫外线、耐老化和耐潮湿等性能相适应的密封材料。

（4）位移接缝密封防水设计应符合下列规定：

1）接缝宽度应按屋面接缝位移量计算确定。

2）接缝的相对位移量不应大于可供选择密封材料的位移能力。

3）密封材料的嵌填深度宜为接缝宽度的 50%～70%。

4）接缝处的密封材料底部应设置背衬材料，背衬材料应大于接缝宽度 20%，嵌入深度应为密封材料的设计厚度。

5）背衬材料应选择与密封材料不粘结或粘结力弱的材料，并应能适应基层的伸缩变形，同时应具有施工时不变形、复原率高和耐久性好等性能。

7. 保护层、隔离层设计

上人屋面保护层可采用块体材料、细石混凝土等材料，不上人屋面保护层可采用浅色涂料、铝箔、矿物粒料、水泥砂浆等材料。保护层材料的适用范围和技术要求应符合表 4-12 的规定。

小视频：坡屋面施工工艺

表 4-12　保护层材料的适用范围和技术要求

保护层材料	适用范围	技术要求
浅色涂料	不上人屋面	丙烯酸系反射涂料
铝箔	不上人屋面	0.05 mm 厚铝箔反射膜
矿物粒料	不上人屋面	不透明的矿物粒料
水泥砂浆	不上人屋面	20 mm 厚 1:2.5 或 M15 水泥砂浆
块体材料	上人屋面	地砖或 30 mm 厚 C20 细石混凝土预制块
细石混凝土	上人屋面	40 mm 厚 C20 细石混凝土或 50 mm 厚 C20 细石混凝土内配 Φ4@100 双向钢筋网片

做一做

1. 根据屋面建筑做法和构造图，分析结构层、找坡层、找平层、结合层、隔汽层、保温层、防水层、保护层的作用，以及它们分别采用什么材料？

2. 根据屋面构造图，画出本工程的屋面构造图，比较一下有什么不同？并分析各有什么优点、缺点。小组之间分析讨论本工程的方案选择。

多学一点

什么是种植屋面？根据图4-3，分析种植屋面的构造要求。

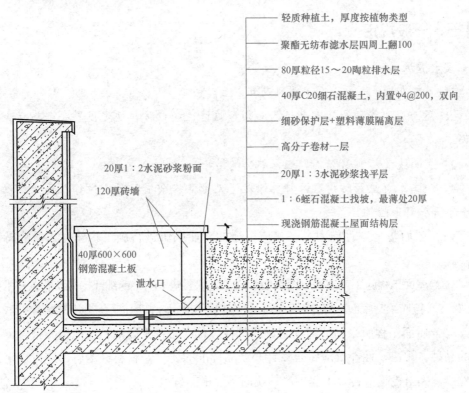

图4-3 种植屋面构造

程序与方法

安全提示：

1. 施工必须符合国务院颁发的《建筑工程安全生产管理条例》以及其他有关安全防火的专门规定。必须由防水专业队伍进行施工。

2. 防水专业队在施工现场应设消防安全员。施工人员进入现场必须穿工作服、防滑鞋、戴安全帽。

3. 屋面周边和预留孔洞部位，必须按临边、洞口防护规定设置安全护栏和安全网。

步骤一 施工准备

一、一般规定

安全提示：

1. 严禁在雨天、雪天和五级风及其以上时施工；

2. 屋面周边和预留孔洞部位，必须按临边、洞口防护规定设置安全护栏和安全网；

3. 屋面坡度大于30%时，应采取防滑措施；

4. 施工人员应穿防滑鞋，特殊情况下无可靠安全措施时，操作人员必须系好安全带并扣好保险钩。

（1）屋面防水工程应由具备相应资质的专业队伍进行施工。作业人员应持证上岗。

（2）屋面工程施工前应通过图纸会审，并应掌握施工图中的细部构造及有关技术要求；施工单位应编制屋面工程的专项施工方案或技术措施，并应进行现场技术安全交底。

（3）屋面工程所采用的防水、保温材料应有产品合格证书和性能检测报告，材料的品种、规格、性能等应符合设计和产品标准的要求。材料进场后，应按规定抽样检验，提出检验报告。工程中严禁使用不合格的材料。

（4）屋面工程施工的每道工序完成后，应经监理或建设单位检查验收，并应在合格后再进行下道工序的施工。当下道工序或相邻工程施工时，应对已完成的部分采取保护措施。

（5）屋面工程施工的防火安全应符合下列规定：

1）可燃类防水、保温材料进场后，应远离火源；露天堆放时，应采用不燃材料完全覆盖；

2）防火隔离带施工应与保温材料施工同步进行；

3）不得直接在可燃类防水、保温材料上进行热熔或热粘法施工；

4）喷涂硬泡聚氨酯作业时，应避开高温环境；施工工艺、工具及服装等应采取防静电措施；

5）施工作业区应配备消防灭火器材；

6）火源、热源等火灾危险源应加强管理；

7）屋面上需要进行焊接、钻孔等施工作业时，周围环境应采取防火安全措施。

二、防水材料选择

（1）外露使用的防水层，应选用耐紫外线、耐老化、耐候性好的防水材料。

（2）上人屋面，应选用耐霉变、拉伸强度高的防水材料。

（3）长期处于潮湿环境的屋面，应选用耐腐蚀、耐霉变、耐穿刺、耐长期水浸等性能的防水材料。

（4）薄壳、装配式结构、钢结构及大跨度建筑屋面，应选用耐候性好、适应变形能力强的防水材料。

（5）倒置式屋面应选用适应变形能力强、接缝密封保证率高的防水材料。

（6）坡屋面应选用与基层粘结力强、感温性小的防水材料。

（7）屋面接缝密封防水，应选用与基材粘结力强和耐候性好、适应位移能力强的密封材料。

（8）基层处理剂、胶粘剂和涂料，应符合现行行业标准《建筑防水涂料有害物质限量》（JC 1066—2008）的有关规定。

三、防水材料进场验收

1. 防水卷材与密封材料

（1）外观检查。对材料的外观、品种、规格、包装、尺寸和数量等进行检查验收，并经监理单位或建设单位代表检查确认，形成相应验收记录。

（2）质量证明文件检查。对材料的质量证明文件进行检查，并经监理单位或建设单位代表检查确认，纳入工程技术档案。防水材料企业提供的产品出厂检验报告是对产品生产期间的质量控制，产品检验的有效期宜为一年。

（3）抽样送检。材料进场后应按表4-13规定抽样检验，检验应执行见证取样送检制度，并出具材料进场检验报告。检测项目主要物理性能见表4-14和表4-15。防水材料必须送至经过省级以上住房城乡建设主管部门资质认可和质量技术监督部门计量认证的检测单位进行检测。

表4-13 屋面防水材料进场检验项目

序号	防水材料名称	现场抽样数量	外观质量检验	物理性能检验
1	高聚物改性沥青防水卷材	大于1 000卷抽5卷，每500～1 000卷抽4卷，100～499卷抽3卷，100卷以下抽2卷，进行规格尺寸和外观质量检验。在外观质量检验合格的卷材中，任取一卷作物理性能检验	表面平整，边缘整齐，无孔洞、缺边、裂口、胎基未渗透，矿物粒料粒度，每卷卷材的接头	可溶物含量、拉力、最大拉力时延伸率、耐热度、低温柔度、不透水性
2	合成高分子防水卷材		表面平整，边缘整齐，无气泡、裂纹、粘结疤痕，每卷卷材的接头	断裂拉伸强度、扯断伸长率、低温弯折性、不透水性

· 85 ·

序号	防水材料名称	现场抽样数量	外观质量检验	物理性能检验
3	高聚物改性沥青防水涂料	每10 t为一批，不足10 t按一批抽样	水乳型：无色差、凝胶、结块、明显沥青丝；溶剂型：黑色黏稠状，细腻、均匀胶状液体	固体含量、耐热性、低温柔性、不透水性、断裂伸长率或抗裂性
4	合成高分子防水涂料		反应固化型：均匀黏稠状、五凝胶、结块；挥发固化型：经搅拌后无结块，呈均匀状态	固体含量、拉伸强度、断裂伸长率、低温柔性、不透水性
5	聚合物水泥防水涂料		液体组分：无杂质、无凝胶的均匀乳液；固体组分：无杂质、无结块的粉末	固体含量、拉伸强度、断裂伸长率、低温柔性、不透水性
6	改性石油沥青密封材料	每1 t产品为一批，不足1 t的按一批抽样	黑色均匀膏状，无结块和未浸透的填料	耐热性、低温柔性、拉伸粘结性、施工度
7	合成高分子密封材料		均匀膏状物或黏稠液体，无结皮、凝胶或不易分散的固体团状	拉伸模量、断裂伸长率、定伸粘结性

表4-14　高聚物改性沥青类防水卷材的主要物理性能

项目		指标				
		聚酯毡胎体	玻纤毡胎体	聚乙烯胎体	自粘聚酯胎体	自粘无胎体
可溶物含量/（g·m^{-2}）		3 mm 厚≥2 100 4 mm 厚≥2 900			2 mm 厚≥1 300 3 mm 厚≥2 100	
拉力/[N/（50 mm）$^{-1}$]		≥500	纵向≥350	≥200	2 mm 厚≥350 3 mm 厚≥450	≥150
延伸率/（%）		最大拉力时 SBS≥30 APP≥25		断裂时≥120	最大拉力时≥30	最大拉力时≥200
耐热度/（℃，2 h）		SBS 卷材 90，APP 卷材 110，无滑动、流淌、滴落	PEE 卷材 90，无流淌、起泡	70，无滑动、流淌、滴落	70，滑动不超过 2 mm	
低温柔性/℃		SBS 卷材—20；APP 卷材—7；PEE 卷材—20			−20	
不透水性	压力/MPa	≥0.3	≥0.2	≥0.4	≥0.3	≥0.2
	保持时间/min	≥30				≥120

表 4-15　合成高分子类防水卷材的主要物理性能

项目		指标			
		硫化橡胶类	非硫化橡胶类	树脂类	树脂类（复合片）
断裂拉伸强度 /MPa		≥ 6	≥ 3	≥ 10	≥ 60 N/10 mm
扯断伸长率 /%		≥ 400	≥ 200	≥ 200	≥ 400
低温弯折 /℃		−30	−20	−25	−20
不透水性	压力 /MPa	≥ 0.3	≥ 0.2	≥ 0.3	≥ 0.3
	保持时间 / min	≥ 30			
加热收缩率 /%		< 1.2	< 2.0	≤ 2.0	≤ 2.0
热老化保持率（80 ℃ × 168 h，%）	断裂拉伸强度	≥ 80		≥ 85	≥ 80
	扯断伸长率	≥ 70		≥ 80	≥ 70

提示： 高聚物改性沥青、合成高分子防水卷材用于地下防水与屋面防水物理性能稍有不同，不同之处在于地下防水时抗拉伸强度要求更高。

（4）材料合格判定。材料的物理性能检验项目全部指标达到标准规定时，即为合格；若有一项指标不符合标准规定时，应在受检产品中重新取样进行该项指标复验，复验结果符合标准规定，则判定该批材料为合格。

检测报告应有主检、审核、批准人签章，盖有"检测单位公章"和"检测专用章"。复制报告未重新加盖"检测单位公章"和"检测专用章"无效。

2. 基层处理剂及胶粘剂

基层处理剂一般都由卷材生产厂家配套供应，使用应按产品说明书的要求进行，主要有改性沥青溶液和冷底子油两类。

胶粘剂也是由厂家配套供应，分为基层与卷材粘贴的胶粘剂、卷材与卷材搭接的胶粘剂两种。

防水卷材施工前必须对卷材与胶粘剂或胶粘带做剪切性能和剥离性能基本试验，保证防水卷材接缝的粘结质量。

做 一 做

请同学们以学习小组为单位，学习交流地下防水卷材的材料检验要求，然后模拟施工人员选定防水卷材，制订出材料检测计划。

步骤二 屋面工程施工

■ 一、施工程序

屋面工程施工程序如图 4-4 所示。

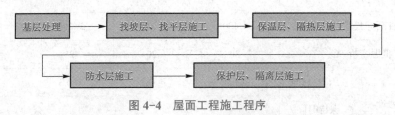

图 4-4 屋面工程施工程序

■ 二、施工要点

1. 基层处理及验收

（1）应清理结构层、保温层上面的松散杂物，凸出基层表面的硬物应剔平扫净。

（2）抹水泥砂浆找坡层前，宜对基层洒水湿润。

（3）凸出屋面的管道、支架等根部，应用细石混凝土堵实和固定。

（4）对不易与找平层结合的基层应做界面处理。

2. 找坡层、找平层施工

（1）材料要求。找坡层和找平层所用材料的质量和配合比应符合设计要求，并应做到计量准确和机械搅拌。

（2）找坡层施工。

1）找坡应按屋面排水方向和设计坡度要求进行，找坡层最薄处厚度不宜小于20 mm。

2）找坡材料应分层铺设和适当压实，表面宜平整和粗糙，并应适时浇水养护。

（3）找平层施工。在结构层上面或保温层上面起到找平作用并作为防水层依附的层次，俗称找平层。找平层一般分为水泥砂浆找平层、细石混凝土找平层。

卷材防水层的基层与突出屋面结构的交接处，以及基层的转角处，找平层均应做成圆弧形，且应整齐平顺。找平层圆弧半径应符合表 4-16 的规定。

表 4-16 找平层圆弧半径   mm

卷材种类	圆弧半径
高聚物改性沥青防水卷材	50
合成高分子防水卷材	20

找平层是防水层的依附层，其质量好坏将直接影响到防水层的质量，所以，要求找平层必须做到"五要""四不""三做到"。

1）"五要"：一要坡度准确、排水流畅；二要表面平整；三要坚固；四要干净；五要干燥。

2）"四不"：一是表面不起砂；二是表面不起皮；三是表面不酥松；四是不开裂。

3）"三做到"：一做到混凝土或砂浆配比准确；二做到表面一次压光；三要做到充分养护。

找平层应在水泥初凝前压实抹平，水泥终凝前完成收水后应二次压光，并应及时取出分格条。养护时间不得少于7 d。

任务四：任务实施引导：
屋面找平层检验评定表

屋面找平层质量检验见表4-17。

表4-17　屋面找平层质量检验评定标准和检验方法

项目		质量标准	检验方法
主控项目	1	找坡层和找平层所用材料的质量及配合比，应符合设计要求	检查出厂合格证、质量检验报告和计量措施
	2	找坡层和找平层的排水坡度，应符合设计要求	坡度尺检查
一般项目	1	找平层应抹平、压光，不得有酥松、起砂、起皮现象	观察检查
	2	卷材防水层的基层与突出屋面结构的交接处，以及基层的转角处，找平层应做成圆弧形，且应整齐、平顺	观察检查
	3	找平层分格缝的宽度和间距，均应符合设计要求	观察和尺量检查
	4	找坡层表面平整度的允许偏差为7 mm，找平层表面平整度的允许偏差为5 mm	用2 m靠尺和塞尺检查

多学一点

装配式钢筋混凝土板的板缝嵌填施工应符合下列规定：

（1）嵌填混凝土前板缝内应清理干净，并应保持湿润。

（2）当板缝宽度大于40 mm或上窄下宽时，板缝内应按设计要求配置钢筋。

（3）嵌填细石混凝土的强度等级不应低于C20，填缝高度宜低于板面10～20 mm，且应振捣密实和浇水养护。

（4）板端缝应按设计要求增加防裂的构造措施。

做一做

请同学们以小组为单位，分别模拟施工方质检员检查屋面找平层工程质量，并填写"屋面找平层检验评定表"。

3．保温层、隔热层施工

提示： 严寒和寒冷地区屋面热桥部位，应按设计要求采取节能保温等隔断热桥措施。

（1）倒置式屋面保温层施工应符合下列规定：

1）施工完成的防水层，应进行淋水或蓄水试验，并应在合格后再进行保温层的铺设。

2）板状保温层的铺设应平稳，拼缝应严密。

3）保护层施工时，应避免损坏保温层和防水层。

（2）隔汽层施工应符合下列规定：

1）隔汽层施工前，基层应进行清理，宜进行找平处理。

2）屋面周边隔汽层应沿墙面向上连续铺设，高出保温层上表面不得小于150 mm。

3）采用卷材做隔汽层时，卷材宜空铺，卷材搭接缝应满粘，其搭接宽度不应小于80 mm；采用涂膜做隔汽层时，涂料涂刷应均匀，涂层不得有堆积、起泡和露底现象。

4）穿过隔汽层的管道周围应进行密封处理。

（3）屋面排汽构造施工应符合下列规定：

1）排汽道及排气孔的设置应符合相关规范要求。

2）排汽道应与保温层连通，排汽道内可填入透气性好的材料。

3）施工时，排汽道及排气孔均不得被堵塞。

4）屋面纵横排汽道的交叉处可埋设金属或塑料排气管，排气管宜设置在结构层上，穿过保温层及排汽道的管壁四周应打孔。排气管应做好防水处理。

（4）保温层施工。

1）板状材料保温层施工。

①基层应平整、干燥、干净。

②相邻板块应错缝拼接，分层铺设的板块上下层接缝应相互错开，板间缝隙应采用同类材料嵌填密实。

③采用干铺法施工时，板状保温材料应紧靠在基层表面上，并应铺平垫稳。

④采用粘结法施工时，胶粘剂应与保温材料相容，板状保温材料应贴严、粘牢，在胶粘剂固化前不得上人踩踏。

⑤采用机械固定法施工时，应将固定件固定在结构层上，固定件的间距应符合设计要求。

2）纤维材料保温层施工。

①基层应平整、干燥、干净。

②纤维保温材料在施工时，应避免重压，并采取防潮措施。

③纤维保温材料铺设时，平面拼接缝应贴紧，上下层拼接缝应相互错开。

④屋面坡度较大时，纤维保温材料宜采用机械固定法施工。

⑤在铺设纤维保温材料时，应做好劳动保护工作。

3）喷涂硬泡聚氨酯保温层施工。

①基层应平整、干燥、干净。

②施工前应对喷涂设备进行调试，并应喷涂试块进行材料性能检测。

③喷涂时，喷嘴与施工基面的间距应由试验确定。

④喷涂硬泡聚氨酯的配比应准确计量，发泡厚度应均匀一致。

⑤一个作业面应分遍喷涂完成，每遍喷涂厚度不宜大于 15 mm，硬泡聚氨酯喷涂后 20 min 内严禁上人。

⑥喷涂作业时，应采取防止污染的遮挡措施。

4）现浇泡沫混凝土保温层施工。

①基层应清理干净，不得有油污、浮尘和积水。

②泡沫混凝土应按设计要求的干密度和抗压强度进行配合比设计，拌制时应计量准确并搅拌均匀。

③泡沫混凝土应按设计的厚度设定浇筑面标高线，找坡时宜采取挡板辅助措施。

④泡沫混凝土的浇筑出料口离基层的高度不宜超过 1 m，泵送时应采取低压泵送。

⑤泡沫混凝土应分层浇筑，一次浇筑厚度不宜超过 200 mm，终凝后应进行保湿养护，养护时间不得少于 7 d。

多学一点

1. 保温材料的储运、保管

（1）保温材料应采取防雨、防潮、防火的措施，并应分类存放。

（2）板状保温材料搬运时应轻拿轻放。

（3）纤维保温材料应在干燥、通风的房屋内存储，搬运时应轻拿轻放。

2. 进场的保温材料检验项目

（1）板状保温材料应检验表观密度或干密度、压缩强度或抗压强度、导热系数、燃烧性能。

（2）纤维保温材料应检验表观密度、导热系数、燃烧性能。

3. 保温层的施工环境温度

（1）干铺的保温材料可在负温度下施工。

（2）用水泥砂浆粘贴的板状保温材料不宜低于 5 ℃。

（3）喷涂硬泡聚氨酯宜为 15 ℃～35 ℃，空气相对湿度宜小于 85%，风速不宜大于三级。

（4）现浇泡沫混凝土宜为 5 ℃～35 ℃。

做一做

请同学们以小组为单位，分别模拟施工方质检员检查屋面保温层工程质量，并填写"屋面保温层检验评定表"。

（5）隔热层施工。

1）种植隔热层施工应符合下列规定：

①种植隔热层挡墙或挡板施工时，留设的泄水孔位置应准确，并不得堵塞。

②凹凸型排水板宜采用搭接法施工，搭接宽度应根据产品的规格具体确定。网状交织排水板宜采用对接法施工；采用陶粒作排水层时，铺设应平整，厚度应均匀。

③过滤层土工布铺设应平整、无皱褶，搭接宽度不应小于 100 mm，搭接宜采用黏合或缝合处理；土工布应沿种植土周边向上铺设至种植土高度。

④种植土层的荷载应符合设计要求；种植土、植物等应在屋面上均匀堆放，且不得损坏防水层。

2）架空隔热层施工。

①架空隔热层施工前，应将屋面清扫干净，并应根据架空隔热制品的尺寸弹出支座中线。

②在架空隔热制品支座底面，应对卷材、涂膜防水层采取加强措施。

③铺设架空隔热制品时，应随时清扫屋面防水层上的落灰、杂物等，操作时不得损伤已完工的防水层。

④架空隔热制品的铺设应平整、稳固，缝隙应勾填密实。

3）蓄水隔热层施工应符合下列规定：

①蓄水池的所有孔洞应预留，不得后凿。所设置的溢水管、排水管和给水管等应在混凝土施工前安装完毕。

②每个蓄水区的防水混凝土应一次浇筑完毕，不得留置施工缝。

③蓄水池的防水混凝土施工时，环境气温宜为 5 ℃～ 35 ℃，并应避免在冬期和高温期施工。

④蓄水池的防水混凝土完工后，应及时进行养护，养护时间不得少于 14 d；蓄水后不得断水。

占优势蓄水池的溢水口标高、数量、尺寸应符合设计要求；过水孔应设在分仓墙底部，排水管应与水落管连通。

做一做

请同学们以小组为单位，分别模拟施工方质检员检查屋面隔热层工程质量，并填写"屋面隔热层检验评定表"。

4. 防水层施工

（1）卷材防水施工。

1）基层处理。

①基层清理及验收。卷材防水层基层应坚实、干净、平整，应无孔隙、起砂和裂缝（图4-5）。基层的干燥程度应根据所选防水卷材的特性确定。

图4-5　基层清理

②测基层含水率：找平层含水率不大于9%，检验方法为将1 m² 卷材平铺在找平层上，静置3～4 h后揭开检查，找平层覆盖部位与卷材上未见水印为合格。

③涂刷基层处理剂及胶粘剂。

a. 冷底子油是涂刷在水泥砂浆或混凝土基层以及金属表面上作打底用的一种基层处理剂（图4-6）。其作用可使基层表面与玛琋脂、涂料、油膏等中间具有一层胶质薄膜，提高胶结性能。

b. 高聚物改性沥青卷材的胶粘剂是由厂家配套供应，分为基层与卷材粘结的胶粘剂、卷材与卷材搭接的胶粘剂两种。对单组分胶粘剂只需开桶搅拌均匀后即可使用（图4-7）。

图4-6　冷底子油施工

图4-7　汽油稀释的氯丁橡胶沥青粘贴剂

2）铺贴附加层。防水层的转折和结束部位是防水层被切断的地方或边缘部位，是防水的薄弱环节，应特别加以处理和完善其防水。卷材大面积铺贴前，应先做好节点密封处理、附加层和屋面排水较集中的部位（屋面与水落口处、檐口、天沟、檐沟、屋面转角处、板端缝等）的处理、分格缝的空铺条处理等，然后由屋面最低标高处向上施工。铺贴天沟、檐沟卷材时，宜顺天沟、檐沟方向铺贴，从水落口处向分水线方向铺贴，以减少搭接（图4-8）。施工段的划分宜设在屋脊、天沟、变形缝等处。

附加层必须贴实、粘牢。分格缝处用300 mm宽的卷材长条加热，将分格缝一边用点贴法粘贴密实、牢固、压平。

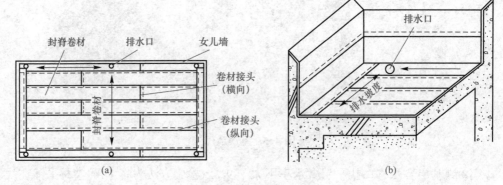

图 4-8　卷材配置示意

（a）平面图；（b）剖面图

①泛水。泛水是指屋面与垂直面交接处的防水构造处理，是水平防水层在垂直面上的延伸。泛水的结构处理要点如下：

a. 泛水高度不小于250 mm，一般为300 mm。

b. 屋面与垂直面交界处的基层应抹平成整齐平顺的圆弧或钝角，其圆弧半径为高聚物改性沥青防水卷材，$R=50$ mm；合成高分子防水卷材，$R=20$ mm。钝角角度不小于135°。

c. 将屋面的卷材防水层继续铺设至垂直面上，形成卷材防水，并在其下加铺附加卷材至少一层。

d. 做好泛水上口的卷材收头固定处理，防止卷材在垂直墙面上滑落。一般做法是：在垂直墙面中留出通长凹槽，将卷材的收头压入槽内，用防水压条钉压后，再用防水密封材料嵌填封严，外抹防水水泥砂浆保护。屋面泛水构造如图4-9所示。

e. 女儿墙泛水的构造处理，其顶部通常用钢筋混凝土压顶，压顶上表面没有坡度坡向屋面，如图4-10所示。

f. 屋面泛水其他处理方法，如图4-11所示。

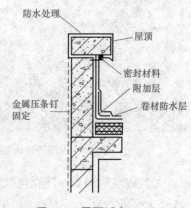

图 4-9　屋面泛水（一）

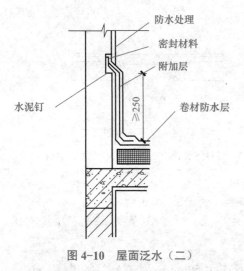

图 4-10 屋面泛水（二）

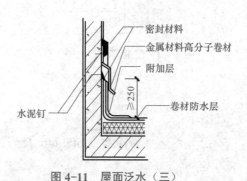

图 4-11 屋面泛水（三）

②檐口。卷材防水屋面的檐口包括自由落水檐口、挑檐沟檐口。

自由落水檐口和挑檐檐口的构造要点是都应做好卷材的收头固定、檐口饰面和板底面的滴水，如图 4-12、图 4-13 所示。

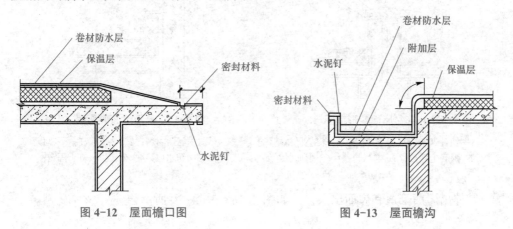

图 4-12 屋面檐口图   图 4-13 屋面檐沟

提示：

（1）卷材防水屋面檐口 800 mm 范围内的卷材应满粘，卷材收头应采用金属压条钉压，并应用密封材料封严。檐口下端应做鹰嘴和滴水槽。

（2）檐沟和天沟的防水层下应增设附加层，附加层伸入屋面的宽度不应小于 250 mm。

（3）檐沟防水层和附加层应由沟底翻上至外侧顶部，卷材收头应用金属压条钉压。

（4）应用密封材料封严，涂膜收头应用防水涂料多遍涂刷。

（5）檐沟外侧高于屋面结构板时，应设置溢水口。

③水落口，如图 4-14、图 4-15 所示。

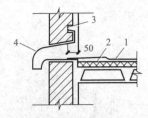

图 4-14 屋面落水口（一）

1—防水层；2—附加层；3—密封材料；
4—水落口

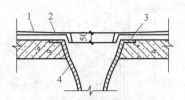

图 4-15 屋面落水口（二）

1—卷材防水层；2—附加层；3—密封材料；
4—水落口杯

提示：

（1）水落口周围直径 500 mm 范围内坡度不应小于 5%，防水层下应增设涂膜附加层；

（2）防水层和附加层伸入水落口杯内不应小于 50 mm，并应粘结牢固。

④屋面变形缝，如图 4-16、图 4-17 所示。

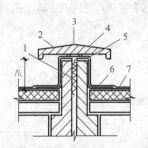

图 4-16 屋面变形缝图

1—沥青麻丝；2—水泥砂浆；3—衬垫材料；
4—混凝土盖板；5—卷材封盖；6—附加层；
7—防水层

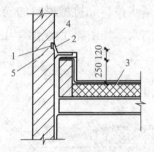

图 4-17 高低屋面变形缝

1—密封材料；2—金属或高分子盖板；
3—防水层；4—金属压条钉子固定；
5—水泥钉

⑤伸出屋面管道和屋面出入口，如图 4-18～图 4-20 所示。

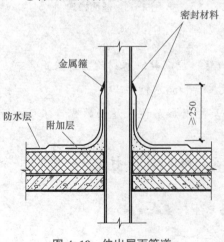

图 4-18 伸出屋面管道

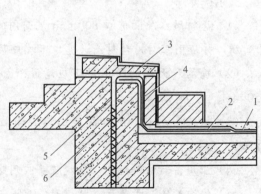

图 4-19 屋面水平出入口

1—防水层；2—附加层；3—踏步；4—护墙；
5—防水卷材封盖；6—不燃保温材料

提示:

（1）屋面垂直出入口泛水处应增设附加层，附加层在平面和立面的宽度均不应小于250 mm；防水层收头应在混凝土压顶圈下。

（2）屋面水平出入口泛水处应增设附加层和护墙，附加层在平面上的宽度不应小于250 mm；防水层收头应压在混凝土踏步下。

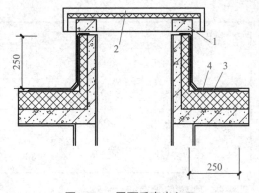

图 4-20　屋面垂直出入口

1—混凝土压顶圈；2—上人孔盖；
3—防水层；4—附加层

3）铺贴卷材层。

①卷材施工顺序。卷材铺贴应按"先高后低，先远后近"的顺序施工，即高低跨屋面，应先铺高跨屋面，后铺低跨屋面；在同高度大面积的屋面，应先铺离上料点较远的部位，后铺较近部位。这样在操作和运料时，已完工的屋面防水层就不会遭受施工人员的踩踏破坏。

②卷材铺贴方向。屋面卷材的铺贴方向应根据屋面的坡度、防水卷材的种类及屋面工作的条件确定。

③卷材与基层连接方式。卷材与基层连接方式有空铺、满粘、点粘、条粘四种。

a．空铺：铺贴防水卷材时，卷材与基层在周边一定宽度内粘结，其余部位不粘结的施工方法。

b．满粘：卷材与基层全部粘结在一起的施工方法。

c．点粘：卷材或打孔卷材与基层采用点状粘结的施工方法。

d．条粘：卷材与基层采用条状粘结的方法。

④卷材的搭接。卷材搭接的方法、宽度和要求应根据屋面坡度、卷材品种和铺贴方法确定。

a．卷材搭接宽度：卷材防水层搭接缝的搭接宽度与卷材品种和铺贴方法有关，详见表4-18。

表 4-18　卷材搭接宽度

搭接方向	短边搭接宽度 /mm		长边搭接宽度 /mm	
铺贴方法卷材品种	满粘法	空铺法 点粘法 条粘法	满粘法	空铺法 点粘法 条粘法
高聚物改性沥青防水卷材	80	100	80	100

搭接方向		短边搭接宽度 /mm		长边搭接宽度 /mm	
合成高分子防水卷材	胶粘剂	80	100	80	100
	胶粘带	50	60	50	60
	单缝焊	60，有效焊接宽度不小于 25			
	双缝焊	80，有效焊接宽度 10×2+ 空腔宽			

b．搭接技术要求。

a）下层卷材不得相互垂直铺贴。垂直铺贴的卷材重缝多，容易漏水。

b）平行于屋脊的搭接缝应顺流水方向搭接；垂直于屋脊的搭接缝应顺当地年最大频率风向搭接。

c）相邻两幅卷材的接头应相互错开 300 mm 以上，以免多层接头重叠而使得卷材粘贴不平。

d）叠层铺贴时，上、下层卷材之间的搭接缝应错开。两层卷材铺设时，应使上、下两层的长边搭接缝错开 1/2 幅宽。三层卷材铺设时，应使上、下层的长边搭接缝错开 1/3 幅宽，如图 4-21 所示。

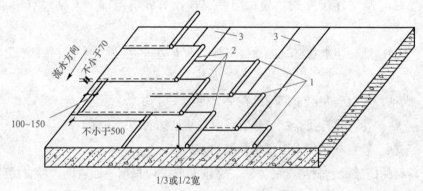

图 4-21　卷材平行屋脊铺贴搭接要求

1—第一层卷材；2—第二层卷材；3—干铺卷材条宽300 mm

e）叠层铺设的各层卷材，在天沟与屋面的连接处应采取叉接法搭接，搭接缝应错开；接缝宜留在屋面活天沟侧面，不宜留在沟底。

f）铺贴卷材时，不得污染槽口的外侧和墙面。

g）高聚物改性沥青防水卷材和合成高分子防水卷材的搭接缝，宜用材料性能相容的密封材料封严。

h）卷材粘结技术要求。高聚物改性沥青防水卷材屋面一般为单层铺贴，随其施工工艺不同，有不同的粘结要求，见表 4-19。

表 4-19　高聚物改性沥青防水卷材粘结技术要求

热熔法	冷粘法	自粘法
1. 幅宽内应均匀加热,熔至呈光亮、黑色。 2. 不得过分加热,以免烧穿卷材。 3. 搭接部位溢出热熔胶后,随即刮封接口	1. 均匀涂刷胶粘剂,不漏底、不堆积。 2. 根据胶粘剂性能及气温,控制涂胶后黏合的最佳时间。 3. 滚压、排气、粘牢。 4. 溢出的胶粘剂随即刮平封口	1. 基层表面应涂刷基层处理剂。 2. 自粘胶底面的隔离纸应全部撕净。 3. 滚压、排气、粘牢。 4. 搭接部分用热风焊枪加热,溢出自粘胶随即刮平封口。 5. 铺贴立面及大坡面时,应先加热后粘贴牢固

多学一点

卷材防水层的施工环境温度应符合下列规定:

(1) 热熔法和焊接法不宜低于 -10 ℃;

(2) 冷粘法和热粘法不宜低于 5 ℃;

(3) 自粘法不宜低于 10 ℃。

⑤热熔法施工操作要点。热熔法铺贴是采用火焰加热器融化热熔型防水卷材底层的热熔胶进行粘贴,常用于 SBS 改性沥青防水卷材、APP 改性沥青防水卷材、氯磺化聚乙烯卷材、热熔橡胶复合防水卷材等与基层的粘结施工。

a. 定位、画线:在基层上按规范要求,排布卷材,弹出基准线。

b. 热熔剂粘贴:将卷材沥青膜地面朝下,对正粉线,用火焰喷枪对准卷材与基层的结合面,同时加热卷材与基层。喷枪头距加热面 50 ~ 100 mm。当烘烤到沥青融化,卷材底有光泽并发黑,有一薄的融层时,即用胶皮压辊滚压密实。如此边烘烤边推压,当端头只剩下 300 mm 左右时,将卷材翻放于隔热板上加热,如图 4-22 所示。同时加热基层表面,粘贴卷材并压实。

c. 搭接缝粘结:搭接缝粘结之前,先熔烧下层卷材上表面搭接宽度内的防粘隔离层。处理时,操作者一手持烫板,一手持喷枪,使喷枪靠近烫板并距卷材 50 ~ 100 mm,边熔烧,边沿搭接线后退,如图 4-23 所示。为防火焰烧伤卷材其他部位,烫板与喷枪应同步移动。

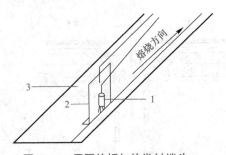

图 4-22　用隔热板加热卷材端头

1—喷枪;2—隔热板;3—卷材

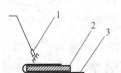

图 4-23　熔烧处理卷材上表面防粘隔离层

1—喷枪;2—烫板;3—已铺下层卷材

搭接时错缝宽度为 1 500 mm，先将搭接处用喷灯烤至热融，然后压实，边缘压出沥青胶，将上、下层卷材搭接位置错开（图 4-24）。

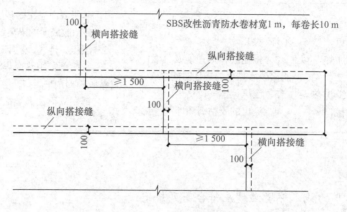

图 4-24 卷材铺贴示意

d. 卷材收头。

a）女儿墙施工方法：阴角铺贴搭接，收头直接采用喷灯热熔卷材与墙体连接，外抹砂浆成靴子状作为保护层。卷材收头长度为 300 mm。泛水防水构造应遵守下列规定：铺贴泛水处的卷材应采取满贴法。泛水收头应根据泛水高度和泛水墙体材料确定收头密封形式，图 4-25 所示为女儿墙收头成品。

(a)　　　　　　　　　　(b)

图 4-25 女儿墙收头成品

提示：墙体为砖墙时，卷材收头可直接铺压在女儿墙压顶下，压顶应做防水处理，也可在砖墙留凹槽，卷材收头应压入凹槽内固定密封，凹槽距屋面找平层最低高度不应小于 250 mm，凹槽上部的墙体也应做防水处理。

b）水落口施工方法：将卷材卷进水落口将其密封，做法如图 4-26 和图 4-27 所示。

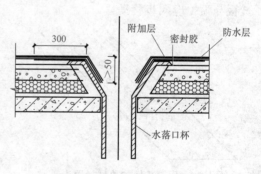

图 4-26 水落口处卷材的收头

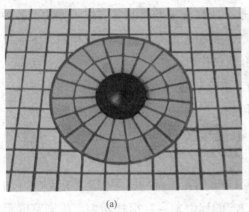
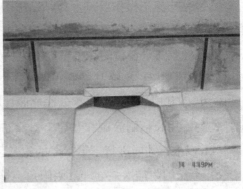

(a)　　　　　　　　　　　　　(b)

图 4-27　施工完成的水落口

（a）直式水落口；（b）斜式水落口

e. 变形缝的处理。变形缝内宜填充泡沫塑料或沥青麻丝，上部填放衬垫材料，并用卷材封盖，顶部应加扣混凝土盖板或金属盖板，如图 4-28 所示。

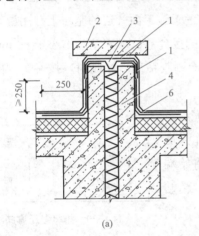
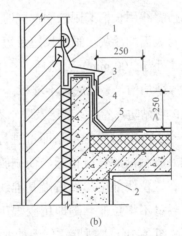

(a)　　　　　　　　　　　　　(b)

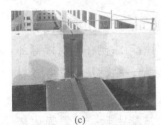

(c)　　　　　　　　　(d)　　　　　　　　(e)

图 4-28　变形缝卷材处理

（a）等高变形缝

1—卷材封盖；2—混凝土盖板；3—衬垫材料；4—附加层；5—不燃保温材料；6—防水层

（b）高低跨变形缝

1—卷材封盖；2—不燃保温材料；3—金属盖板；4—附加层；5—防水层

（c）薄钢板施工缝；（d）防水施工前的施工缝；（e）卷材施工缝

⑥冷粘法施工操作要点。冷粘贴施工是合成高分子卷材的主要施工方法。各种合成高分子卷材的冷粘贴施工除由于配套胶粘剂引起的差异外，大致相同。下面以三元乙丙橡胶防水卷材的冷粘贴施工为例介绍操作要点。

a. 清理基层：剔除基层上的隆起异物，清除基层上的杂物，清扫干净尘土。

b. 涂刷基层处理剂：将聚氨酯底胶按甲料：乙料 =1：3 的比例（质量比）配合，搅拌均匀，用长柄刷涂刷在基层上。涂布量一般以 0.15 ~ 0.2 kg/ m² 为宜。底胶涂刷后 4 h 以上，才能进行下道工序的施工。

c. 节点的附加增强处理：阴阳角、排水口、管子根部周围等构造节点部位，加刷一遍聚氨酯防水涂料（甲料：乙料 =1：1.5 的比例配合，搅拌均匀，涂刷宽度距节点中心不少于 200 ~ 250 mm，厚约 2 mm；固化时间不少于 24 h）作加强层，然后铺贴一层卷材。天沟宜粘贴二层卷材。

d. 定位、弹基准线：按卷材排布配置，弹出定位和基准线。

e. 涂刷基层胶粘剂：需将胶分别涂刷在基层及防水卷材的表面。基层按事先弹好的位置线用长柄滚刷涂刷；同时，将卷材平置于施工面旁边的基层上，用湿布除去卷材表面的浮灰，画出长边及短边各不涂胶的接合部位（满粘法不小于 80 mm，其他不小于 100 mm）。然后，在其侧面均匀涂刷胶粘剂。涂刷时，按一个方向进行，厚薄均匀，不漏底，不堆积。

f. 粘贴防水卷材：基层及防水卷材分别涂完后，晾干约 30 min，手触不粘即可进行粘结。操作人员将刷好胶粘剂的卷材抬起，使刷胶面朝下，将始端粘贴在定位线部位，然后沿基准线向前粘贴。粘贴时，卷材不得拉伸。随即用胶辊用力向前、向两侧滚压（图 4-29），排除空气，使两者粘贴牢固。

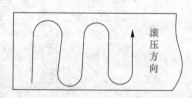

图 4-29　排气滚压方向

g. 卷材接缝粘结：卷材接缝宽度范围内（80 mm 或 100 mm），用丁基橡胶胶粘剂（按 A：B=1：1 的比例配制、搅拌均匀）。用油漆刷均匀涂刷在卷材接缝部位的两个粘结面上，涂胶 20 min 后，指触不粘，随即进行粘贴。粘贴从一端顺卷材长边方向至短边方向进行，用手持压辊滚压，使卷材粘牢。

h. 卷材接缝密封：卷材末端的接缝及收头处，可用聚氨酯密封胶或氯磺化聚乙烯密封膏嵌封严密，以防止接缝、收头处剥落。

i. 蓄水试验。

j. 保护层施工：屋面经蓄水试验合格后，放水待面层干燥，按设计构造图立即进行保护层施工，以避免防水层受损。

⑦自粘法施工操作要点。自粘结卷材施工是指自粘型防水卷材的铺贴方法。自粘型卷材在工厂生产时，在其底面涂有一层压敏胶，胶粘剂表面敷有一层隔离纸。

施工时只要剥去隔离纸，即可直接铺贴。

a. 清理基层：同其他施工方法。

b. 涂刷基层处理剂：基层处理剂可用稀释的乳化沥青或其他沥青基防水涂料。涂刷要薄而均匀，不漏刷、不凝滞。干燥 6 h 后，即可铺贴防水卷材。

c. 节点附加增强处理：按设计要求，在构造节点部位铺贴附加层或在做附加层之前，再涂刷一遍增强胶粘剂，在此上做附加层。

d. 定位、弹基准线：按卷材排铺布置，弹出定位线、基准线。

三人一组，一人撕纸，一人滚铺卷材，一人随后将卷材压实。铺贴卷材时，应按基准线的位置，缓缓剥开卷材背面的防粘隔离纸，将卷材直接粘贴于基层上，随撕开隔离纸，随将卷材向前滚铺。铺贴卷材时卷材应保持自然松弛状态，不得拉得过紧或过松，不得出现褶皱。每当铺好一段卷材，立即用胶皮压辊压实粘牢。

e. 卷材封边：自粘型防水卷材的长、短向一边宽 50 ～ 70 mm 不带自粘胶，故搭接缝处需刷胶边缝，以确保卷材搭接缝处能粘贴牢固。施工时，将卷材搭接部位翻开，用油漆刷将 CX-404 胶均匀地涂刷在卷材接缝的两个粘贴面上，涂胶 20 min 后，触指不粘时，随即进行粘贴，粘贴后用手持压辊仔细滚压密实，使其粘接牢固。

f. 嵌缝：大面卷材铺贴完毕，所有卷材接缝处，应用丙烯酸密封膏仔细嵌缝。嵌缝时，胶缝不得宽窄不一，须做到密闭严实。

安全提示：

（1）改性沥青防水卷材采用热熔法施工，容易引起火灾，必须注意安全。向喷灯内灌注燃料时，要避免溢出流在地面上，以防止点火时引起火灾。喷灯点火，喷嘴不得面对人，以免造成烫伤事故。

（2）施工现场应备有足够的干粉灭火器材，施工现场不得有其他易燃物，不得有电焊等明火作业，以免发生火灾。

（3）施工现场不得放过多汽油或柴油，存储汽油、柴油应由专人妥善保管。

（4）涂刷的基层处理剂未干燥时，不得热熔施工，以免发生火灾事故。

做一做

（1）请同学们以学习小组为单位，编制本工程技术、安全交底。选出一人模拟技术主管，其他人模拟作业班组人员，模拟施工现场技术主管对班组作业人员进行技术安全交底。

（2）分组到实训室完成 5 m² 卷材施工。

多学一点

1. 热风焊接法施工操作要点

（1）热风焊接主要适用于树脂型（塑料）卷材。焊接工艺结合机械固定使防水设防更有效。目前，采用焊接工艺的材料有 PVC 卷材、高密度和低密度聚乙烯卷材。这类卷材热收缩值较高，最适宜有埋置的防水层。宜采用机械固定、点粘或条粘工艺。它具有强度大、耐穿刺、焊接后整体性较好的特点。

（2）热风焊接卷材在施工时，首先应将卷材在基层上铺平顺直，切忌扭曲、皱褶，并保持卷材清洁，尤其在搭接处，要求干燥、干净，更不能有油污、泥浆等，否则会严重影响焊接效果，造成接缝渗漏。如果采用机械固定，应先行用射钉固定；若采用胶粘结，也需要先行粘结，留准搭接宽度。焊接时应先焊长边，后焊短边，否则一旦有微小偏差，长边很难调成。

（3）热风焊接卷材防水施工工艺的关键是接缝焊接，焊接的参数是加热温度和时间，而加热的温度和时间与施工时的气象条件，如温度、湿度、风力等有关。优良的焊接质量必须使用经培训而真正熟练掌握加热温度、时间的工人才能保证。否则，温度过低或加热时间过短，会形成假焊，焊接不牢；温度过高或加热时间过长，则会烧焦或损害卷材本身。当然，漏焊、跳焊更是不允许的。

任务四：任务实施
引导：安全技术交底表

2. 防水卷材的储运、保管规定

（1）不同品种、规格的卷材应分别堆放。

（2）卷材应存储在阴凉通风处，应避免雨淋、日晒和受潮，严禁接近火源。

（3）卷材应避免与化学介质及有机溶剂等有害物质接触。

3. 进场的防水卷材应检验项目

（1）高聚物改性沥青防水卷材的可溶物含量、拉力、最大拉力、延伸率、耐热度、低温柔性、不透水性。

（2）合成高分子防水卷材的断裂拉伸强度、扯断伸长率、低温弯折性、不透水性。

4. 胶粘剂和胶粘带的储运、保管规定

（1）不同品种、规格的胶粘剂和胶粘带，应分别用密封桶或纸箱包装。

（2）胶粘剂和胶粘带应存储在阴凉通风的室内，严禁接近火源和热源。

5. 进场的基层处理剂、胶粘剂和胶粘带应检验项目

（1）沥青基防水卷材用基层处理剂的固体含量、耐热性、低温柔性、剥离强度。

（2）高分子胶粘剂的剥离强度、浸水 168 h 后的剥离强度保持率。

（3）改性沥青胶粘剂的剥离强度。

（4）合成橡胶胶粘带的剥离强度、浸水 168 h 后的剥离强度保持率。

（2）涂膜防水层施工。

1）基层处理。涂膜防水层的基层应坚实、平整、干净，应无孔隙、起砂和裂缝。基层的干燥程度应根据所选用的防水涂料特性确定；当采用溶剂型、热熔型和反应固化型防水涂料时，基层应干燥。

2）材料选择。双组分或多组分防水涂料应按配合比准确计量，应采用电动机具搅拌均匀，已配制的涂料应及时使用。配料时，可加入适量的缓凝剂或促凝剂调节固化时间，但不得混合已固化的涂料。

3）涂膜防水层施工。

①防水涂料应多遍均匀涂布，涂膜总厚度应符合设计要求。

②涂膜间夹铺胎体增强材料时，宜边涂布边铺胎体；胎体应铺贴平整，排除气泡，并应与涂料粘结牢固。在胎体上涂布涂料时，应使涂料浸透胎体并覆盖完全，不得有胎体外露现象。最上面的涂膜厚度不应小于 1.0 mm。

③涂膜施工应先做好细部处理，再进行大面积涂布。

④屋面转角及立面的涂膜应薄涂多遍，不得流淌和堆积。

⑤水乳型及溶剂型防水涂料宜选用滚涂或喷涂施工。

⑥反应固化型防水涂料宜选用刮涂或喷涂施工。

⑦热熔型防水涂料宜选用刮涂施工。

⑧聚合物水泥防水涂料宜选用刮涂法施工。

⑨所有防水涂料用于细部构造时，宜选用刷涂或喷涂施工。

4）涂膜防水层的施工环境温度要求。

①水乳型及反应型涂料宜为 5 ℃～ 35 ℃；

②溶剂型涂料宜为 –5 ℃～ 35 ℃；

③热熔型涂料不宜低于 –10 ℃；

④聚合物水泥涂料宜为 5 ℃～ 35 ℃。

多学一点

一、防水涂料和胎体增强材料的储运、保管规定

（1）防水涂料包装容器应密封，容器表面应标明涂料名称、生产厂家、执行标准号、生产日期和产品有效期，并应分类存放。

（2）反应型和水乳型涂料储运和保管环境温度不宜低于 5 ℃。

（3）溶剂型涂料储运和保管环境温度不宜低于 0 ℃，并不得日晒、碰撞和渗漏；保管环境应干燥、通风，并应远离火源、热源。

（4）胎体增强材料储运、保管环境应干燥、通风，并应远离火源、热源。

二、进场的防水涂料和胎体增强材料应检验项目

（1）高聚物改性沥青防水涂料的固体含量、耐热性、低温柔性、不透水性、断裂伸长率或抗裂性。

（2）合成高分子防水涂料和聚合物水泥防水涂料的固体含量、低温柔性、不透水性、拉伸强度、断裂伸长率。

（3）胎体增强材料的拉力、延伸率。

三、接缝密封防水施工要求

1. 密封防水部位的基层要求

（1）基层应牢固，表面应平整、密实，不得有裂缝、蜂窝、麻面、起皮和起砂等现象。

（2）基层应清洁、干燥，应无油污、灰尘。

（3）嵌入的背衬材料与接缝壁间不得留有空隙。

（4）密封防水部位的基层宜涂刷基层处理剂，涂刷应均匀，不得漏涂。

2. 改性沥青密封材料防水施工要求

（1）采用冷嵌法施工时，宜分次将密封材料嵌填在缝内，并应防止裹入空气。

（2）采用热灌法施工时，应由下向上进行，并宜减少接头；密封材料熬制及浇灌温度，应按不同材料要求严格控制。

3. 合成高分子密封材料防水施工要求

（1）单组分密封材料可直接使用；多组分密封材料应根据规定的比例准确计量，并应拌和均匀；每次拌合量、拌合时间和拌合温度，应按所用密封材料的要求严格控制。

（2）采用挤出嵌填时，应根据接缝的宽度选用口径合适的挤出嘴，应均匀挤出密封材料嵌填，并应由底部逐渐充满整个接缝。

（3）密封材料嵌填后，应在密封材料表干前用腻子刀嵌填修整。

（4）密封材料嵌填应密实、连续、饱满，应与基层粘结牢固；表面应平滑，缝边应顺直，不得有气泡、孔洞、开裂、剥离等现象。

（5）对嵌填完毕的密封材料，应避免碰损及污染；固化前不得踩踏。

4. 密封材料的储运、保管要求

（1）运输时应防止日晒、雨淋、撞击、挤压。

（2）储运、保管环境应通风、干燥，防止日光直接照射，并应远离火源、热源；乳胶型密封材料在冬季时应采取防冻措施。

（3）密封材料应按类别、规格分别存放。

5. 进场的密封材料应检验项目

（1）改性石油沥青密封材料的耐热性、低温柔性、拉伸粘结性、施工度。

（2）合成高分子密封材料的拉伸模量、断裂伸长率、定伸粘结性。

6. 接缝密封防水的施工环境温度要求

（1）改性沥青密封材料和溶剂型合成高分子密封材料宜为 0 ℃～35 ℃。

（2）乳胶型及反应型合成高分子密封材料宜为 5 ℃～35 ℃。

做一做

请同学们以小组为单位，分别模拟施工方质检员检查屋面防水层工程质量，并填写"屋面防水层检验评定表"。

5）保护层、隔离层施工。

①保护层施工。

提示：

（1）对施工完的防水层应进行雨后观察、淋水或蓄水试验，并应在合格后再进行保护层和隔离层的施工。

（2）保护层和隔离层施工前，防水层或保温层的表面应平整、干净。

（3）保护层和隔离层施工时，应避免损坏防水层或保温层。

（4）块体材料、水泥砂浆、细石混凝土保护层表面的坡度应符合设计要求，不得有积水现象。

a. 块体材料保护层铺设要求。

a）在砂结合层上铺设块体时，砂结合层应平整，块体间应预留 10 mm 的缝隙，缝内应填砂，并应用 1：2 水泥砂浆勾缝；

b）在水泥砂浆结合层上铺设块体时，应先在防水层上做隔离层，块体之间应预留 10 mm 的缝隙，缝内应用 1：2 水泥砂浆勾缝；

c）块体表面应洁净、色泽一致。应无裂纹、掉角和缺棱等缺陷。

b. 水泥砂浆及细石混凝土保护层铺设要求。

a）水泥砂浆及细石混凝土保护层铺设前，应在防水层上做隔离层。

b）细石混凝土铺设不宜留施工缝；当施工间隙超过时间规定时，应对接槎进行处理。

c）水泥砂浆及细石混凝土表面应抹平压光，不得有裂纹、脱皮、麻面、起砂等缺陷。

多学一点

保护层材料的储运、保管应符合下列规定：

（1）水泥储运、保管时应采取防尘、防雨、防潮措施。

（2）块体材料应按类别、规格分别堆放。

（3）浅色涂料储运、保管环境温度，反应型及水乳型涂料不宜低于5℃，溶剂型涂料不宜低于0℃。

（4）溶剂型涂料保管环境应干燥、通风，并应远离火源和热源。

c．保护层的施工环境温度要求。

a）块体材料干铺不宜低于−5℃，湿铺不宜低于5℃。

b）水泥砂浆及细石混凝土宜为5℃～35℃。

c）浅色涂料不宜低于5℃。

做一做

请同学们以小组为单位，分别模拟施工方质检员检查屋面保护层工程质量，并填写屋面保护层检验评定表。

②隔离层施工。

a．隔离层铺设不得有破损和漏铺现象。

b．干铺塑料膜、土工布、卷材时，其搭接宽度不应小于50 mm；铺设应平整，不得有皱褶。

c．低强度等级砂浆铺设时，其表面应平整、压实，不得有起壳和起砂等现象。

多学一点

隔离层材料的储运、保管应符合下列规定：

（1）塑料膜、土工布、卷材储运时，应防止日晒、雨淋、重压。

（2）塑料膜、土工布、卷材保管时，应保证室内干燥、通风。

（3）塑料膜、土工布、卷材保管环境应远离火源、热源。

d．隔离层的施工环境温度应符合下列规定：

a）干铺塑料膜、土工布、卷材可在负温下施工。

b）铺抹低强度等级砂浆宜为5℃～35℃。

做一做

请同学们以小组为单位，分别模拟施工方质检员检查屋面隔离层工程质量，并填写"屋面隔离层检验评定表"。

步骤三　质量通病与防治

■一、找坡不准，排水不畅

1．现象

找平层施工后，在屋面上容易发生局部积水现象，尤其在天沟、檐沟和落水口周围，下雨后积水不能及时排出。

2．原因分析

（1）屋面出现积水主要是排水坡度不符合设计要求。

（2）天沟、檐沟纵向坡度在施工操作时控制不严，造成排水不畅。

（3）水落管内径过小，屋面垃圾、落叶等杂物未及时清扫。

3．防治措施

（1）根据建筑物的使用功能，在设计中应正确处理分水、排水和防水之间的关系。平屋面宜由结构找坡，其坡度宜为3%；当采用材料找坡时，宜为2%。

（2）天沟、檐沟的纵向坡度不应小于1%；沟底水落差不得超过200 mm；落水管内径不应小于75 mm；1根水落管的屋面最大汇水面积宜小于200 m²。

（3）屋面找平层施工时，应严格按设计坡度拉线，并在相应位置上设计准点（冲筋）。

（4）屋面找平层施工完成后，对屋面坡度、平整度应及时组织验收。必要时可在雨后检查屋面是否积水。

（5）在防水层施工前，应将屋面垃圾与落叶等杂物清扫干净。

■二、水泥砂浆找平层起砂、起皮

1．现象

找平层施工后，屋面表面出现不同颜色和分布不均匀的砂粒，用手一搓，砂子就会分层浮起；用手拍击，表面水泥浆会成片脱落或存在起皮、起鼓现象；用木槌敲击，有时还会听到空鼓的哑声。

找平层起砂和起皮是两种不同的现象，但有时会在一个工程中同时出现。

任务四：
任务实施引导：
质量验收记录表

2. 原因分析

（1）结构层或保温层高低不平，导致找平层施工厚度不均匀。

（2）配合比不准，使用过期和受潮结块的水泥；砂子含泥量过大。

（3）屋面基层清扫不干净，找平层施工前基层未刷水泥净浆。

（4）水泥砂浆搅拌不均匀，摊铺压实不当，特别是水泥砂浆在收水后未能及时进行二次压实和收光。

（5）应在水泥砂浆初凝前抹光、终凝前压光。

（6）及时养护，不得过早或过晚。当手压砂浆不粘、无压痕时即应覆盖草袋养护，每日洒水不少于 3 次，养护时间不少于 7 d。

（7）养护期间不得上人。

■ 三、沥青砂浆找平层起壳、粘结不牢

1. 现象

沥青砂浆找平层施工后，屋面形成拱起、起壳与底层脱离，形成空鼓，表面有蜂窝。

2. 原因分析

（1）施工前基层清理不干净。

（2）沥青砂浆配比不合格。

（3）沥青砂浆找平层施工时，温度条件不合要求。

（4）施工时，找平层表面压抹不实。

3. 预防措施

（1）仔细清扫基层表面。

（2）沥青砂浆应按配合比要求严格配料，并应混合均匀。

（3）沥青砂浆的成活温度不能过低。

（4）沥青砂浆每层摊铺后的压实厚度不得大于 30 cm。

（5）摊铺时及时刮平，振实或压实至表面平整、稳定、无明显压痕，不易碾实或压实之处，用热烙铁拍实。

（6）摊铺时，尽量不留施工缝。不可避免时，可留斜槎并拍实。接槎时，用沥青砂浆覆盖预热 10 min，然后清除，再涂一道热沥青，接槎处必须紧密、平顺，烫缝不应枯焦。

■ 四、找平层开裂

1. 现象

（1）无规则的裂缝。找平层出现无规则的裂缝，裂缝一般分为断续状或树枝状

两种，裂缝宽度一般在 0.2 mm 以下，个别可达 0.5 mm 以上，出现时间主要发生在水泥砂浆施工初期至 20 d 龄期内。

（2）有规则的裂缝。另一种是在找平层上出现横向有规则的裂缝，这种裂缝往往是通长和笔直的，裂缝间距为 4～6 m。

2．原因分析

找平层出现无规则裂缝与下述因素有关：

（1）在保温屋面中，如采用水泥砂浆找平层，其刚度和抗裂性明显不足。

（2）在保温层上采用水泥砂浆找平，两种材料的线性膨胀系数相差较大，且保温材料容易吸水。

（3）找平层的开裂与施工工艺有关，如抹压不实、养护不良等。

3．预防措施

在屋面防水等级为Ⅰ、Ⅱ级的重要工程中，可采取以下措施：

（1）对整浇的钢筋混凝土结构基层，一般应取消水泥砂浆找平层。这样可省去找平层的工料费，也可保持有利于防水效果的施工基面。

（2）对于保温屋面，在保温材料上必须设置 35～40 mm 厚的 C20 细石混凝土找平层，内配 ϕ4@200×200 钢丝网片。

（3）对于装配式钢筋混凝土结构板，应先将板缝用细石混凝土灌缝密实，板缝表面（深约 20 mm）宜嵌填密封材料。为了使基层表面平整，并有利于防水施工，此时也宜采用 C20 的细石混凝土找平层，厚度为 30～35 mm。

（4）找平层应设分格缝，分格缝宜设在板端处。其纵横的最大间距：水泥砂浆或细石混凝土找平层不宜大于 6 m（根据实际观察最好控制在 5 m 以下）；沥青砂浆找平层不宜大于 4 m。水泥砂浆找平层分格缝的缝宽宜小于 10 mm，如分格缝兼作排汽道时，可适当加宽为 20 mm，并应与保温层相连通。

■ 五、卷材开裂

1．现象

沿预制板支座、变形缝、挑檐处出现规律性或不规则裂缝。

2．原因分析

（1）屋面板板端或屋架变形、找平层开裂。

（2）基层温度收缩变形。

（3）起重机振动和建筑物不均匀沉降。

（4）卷材质量低劣，老化脆裂。

（5）沥青胶韧性差、发脆，熬制温度过高、老化。

3．防治措施

在预制板接缝处铺一层卷材作缓冲层；做好砂浆找平层；留分格缝；严格控制

原材料和铺设质量，改进沥青胶配合比；控制耐热度和提高韧性，防止老化；严格认真操作，采取洒油法粘贴。

六、流淌

1. 现象

沥青胶软化，使卷材移动而形成皱褶或被拉空，沥青胶在下部堆积或流淌。

2. 原因分析

（1）沥青胶的耐热度使用过低，天热软化。

（2）沥青胶涂刷过后，产生蠕动。

（3）未做绿豆砂浆保护层，或绿豆砂浆保护层脱落，辐射温度过高，引起软化。

（4）屋面坡度过陡，采用平行屋脊铺贴卷材。

3. 防治措施

根据实际最高辐射温度、厂房内热源、屋面坡度合理选择沥青胶耐热度，控制熬制质量和涂刷厚度（小于 2 mm）；做好绿豆砂浆保护层，减低辐射温度；屋面坡度过陡，应避免平行屋脊铺贴卷材；逐层压实。

七、鼓泡、起泡

1. 现象

防水层出现大量大小不等的鼓泡、气泡，局部卷材与基层或下层卷材脱空。

2. 原因分析

（1）屋面基层潮湿，未干就刷冷底子油或铺卷材，基层窝有水分或卷材受潮，在受到太阳辐射后，水汽蒸发，体积膨胀，造成鼓泡。

（2）基层不平整，粘贴不实，空气没有排净。

（3）卷材铺贴扭歪、皱褶不平，或刮压不紧，雨水潮气侵入。

3. 防治措施

（1）严格控制基层含水率在 6% 以内，避免雨、雾天施工，防止卷材受潮。

（2）加强操作程序和控制，保证基层平整，涂油均匀，封边严实，各层卷材粘贴平顺、严实。

（3）在潮湿基层上铺设卷材，采取排气屋面做法。

八、搭接缝过窄或粘结不牢

1. 现象

用高聚物改性沥青卷材做防水屋面时，一般均为单层铺贴，所以，卷材之间的搭接缝是防水的薄弱环节。如搭接缝宽度过小（满粘法小于 80 mm；空铺、点粘、条粘小于 100 mm），或者接缝粘结不牢，就会容易出现开口翘边现象，导致屋面渗漏。

2. 原因分析

（1）采用热熔法铺贴高聚物改性沥青防水卷材时，未事先在找平层上弹出控制线，致使搭接缝宽窄不一。

（2）热熔粘贴时未将搭接缝处的铝箔烧净，铝箔成了隔离层，使卷材搭接缝粘结不牢。

（3）粘贴搭接缝时未进行认真的排气、碾压。

（4）未按规范规定对每幅卷材的搭接缝口用密封材料封严。

3. 防治措施

当发现高聚物改性沥青卷材防水层的搭接缝未粘贴结实，如已经张口或用手就可以轻轻沿搭接缝撕开时，最简单的处理方法就是卷材条盖缝法。具体做法是沿搭接缝每边 15 cm 范围内，用喷灯等工具将卷材上面自带的保护层（铝箔、PE 膜等）烧尽，然后在上面粘贴一条宽 30 cm 的同类卷材，分中压贴，如图 4-30 所示。每条盖缝卷材在一定长度内（约 20 m），应在端头留出宽约 10 cm 的缺口，以便由此口排出屋面上的积水。

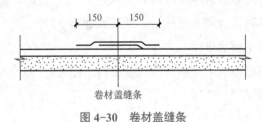

图 4-30　卷材盖缝条

■ 九、卷材鼓起

1. 现象

热熔法铺贴卷材时，因操作不当造成卷材起鼓。

2. 原因分析

（1）因加热温度不均匀，致使卷材与基层之间不能完全密贴，形成部分卷材脱落与起鼓。

（2）卷材铺贴时压实不紧，残留的空气未全部赶出。

3. 防治措施

（1）高聚物改性沥青防水卷材施工时，火焰加热要均匀、充分、适度。在操作时，首先，持喷枪的人不能让火焰停留在一个地方的时间过长，而应沿着卷材宽度方向缓缓移动，使卷材横向受热均匀。其次，要求加热充分，温度适中。最后，要掌握加热程度，以热熔后的沥青胶出现黑色光泽（此时，沥青的温度为200℃～300℃）、发亮并有微泡现象为度。

（2）趁热推滚，排尽空气。卷材被热熔粘贴后，要在卷材尚处于较柔软时，就及时进行滚压。滚压时间可根据施工环境、气候条件调节掌握。气温高冷却慢，滚压时间宜稍迟；气温低冷却快，滚压宜提早。另外，加热与滚压的操作要配合默契，使卷材与基层面紧密接触，排尽空气；而在铺压时用力又不宜过大，确保粘结牢固。

■ 十、合成高分子卷材粘结不牢

1．现象

合成高分子屋面防水层出现卷材与基层粘结不牢或没有粘结住，严重时可能被大风掀起。或者卷材与卷材的搭边部分出现脱胶开缝，成为渗水通道，导致屋面渗漏。

2．原因分析

（1）卷材与基层、卷材与卷材间的胶粘剂品种选材不当，材料性能不相容。

（2）铺设卷材时的基层含水率过高。

（3）找平层强度过低或表面有油污、浮皮或起砂。

（4）卷材搭接缝未清洗干净。

（5）胶粘剂涂刷过厚或未等溶剂挥发就进行了黏合。

（6）未认真进行排气、辊压。

3．防治措施

应针对不同的情况，选用不同的处理方法，见表4-20。

表4-20　合成高分子防水卷材粘结不牢处理方法

处理方法	适用范围	具体做法
周边加固法	卷材与基层部分脱开，防水层四周与基层粘结较差	将防水层四周800 mm范围内及节点处的卷材掀起，清洗干净后，重新涂刷配套的胶粘剂黏合缝口，用密封材料封严，宽度为10 mm
栽钉处理方法	基层强度过低或表面起砂掉皮，有被大风掀起的可能	除按上述方法处理外，每隔500 mm用水泥钉加垫片由防水层上钉入找平层中，钉帽用材料性能相容的密封材料封严
搭接缝密封法	防水层上的卷材搭接缝脱胶开口	将脱开的卷材翻起，清洗干净，用配套的卷材与卷材胶粘剂重新涂刷，溶剂挥发后进行黏合、排气、辊压，并用材料性相容的密封材料封边，宽度为10 mm

做一做

请同学们以学习小组为单位，阅读"任务实施引导"中提供的《屋面防水工程案例》，分析渗漏原因及防治措施，制定整改方案，小组之间互相交流各自的方案。

步骤四　施工质量验收

屋面防水工程的好坏，直接影响到人们的生活和生产活动的正常进行，同时也影响到建筑物的正常使用寿命，因此，建筑防水工程必须综合考虑合理的设计、优质的防水材料、优秀的施工队伍、严格的施工操作和仔细的质量检验等因素，才能确保质量。

屋面卷材防水工程质量检验评定标准和检验方法见表4-21。

表4-21　屋面卷材防水工程质量检验评定标准和检验方法

项目		质量标准	检验方法	检查数量
主控项目	1	防水卷材及其配套材料的质量应符合设计要求	检查出厂合格证、质量检验报告和进场检验报告	全数检查
	2	卷材防水层在檐口、檐沟、天沟、水落口、泛水、变形缝和伸出屋面管道的防水构造，应符合设计要求	观察检查	
	3	卷材防水层不得有渗漏和积水现象	雨后观察或淋水、蓄水检验	
一般项目	1	卷材的搭接缝应粘结或焊接牢固，密封应严密，不得扭曲、褶皱和翘边	观察检查	每100 m²抽1处，每处抽查面积10 m²，且不得少于3处
	2	卷材防水层的收头应与基层粘结，钉压应牢固，密封应严密	观察检查	
	3	卷材防水层的铺贴方向应正确，卷材搭接宽度的允许偏差为 -10 mm	观察和尺量检查	
	4	屋面排汽构造的排汽道应纵横贯通，不得堵塞；排气管应安装牢固，位置应正确，封闭应严密	观察检查	

相关知识

屋面卷材防水施工检查项目

屋面卷材防水施工检查项目如下:

(1)屋面坡度大于25%时卷材应采取满粘和钉压固定措施。

(2)检查卷材铺设方向是否正确。卷材铺设方向应符合下列规定:

1)卷材宜平行屋脊铺贴;

2)上、下层卷材不得相互垂直铺贴。

(3)检查卷材搭接是否符合规范要求。卷材搭接缝应符合下列规定:

1)平行屋脊的卷材搭接缝应顺流水方向,卷材搭接宽度应符合表4-22的规定;

2)相邻两幅卷材短边搭接缝应错开,且不得小于500 mm;

3)上、下层卷材长边搭接缝应错开,且不得小于幅宽的1/3。

表4-22 卷材搭接宽度 　　　　　　mm

卷材类别		搭接宽度
合成高分子防水卷材	胶粘剂	80
	胶粘带	50
	单缝焊	60,有效焊接宽度不小于25
	双缝焊	80,有效焊接宽度10×2+空腔宽
高聚物改性沥青防水卷材	胶粘剂	100
	自粘	80

(4)检查卷材铺设是否符合要求。

1)冷粘法铺贴卷材应符合下列规定:

①胶粘剂涂刷应均匀,不应露底、堆积;

②应控制胶粘剂涂刷与卷材铺贴的间隔时间;

③卷材下面的空气应排尽,并应辊压粘牢固;

④卷材铺贴应平整、顺直,搭接尺寸应准确,不得扭曲、皱褶;

⑤接缝口应用密封材料封严,宽度不应小于10 mm。

2)热粘法铺贴卷材应符合下列规定:

①熔化热熔型改性沥青胶结料时,宜采用专用导热油炉加热,加热温度不应高

于 200 ℃，使用温度不宜低于 180 ℃；

②粘贴卷材的热熔型改性沥青胶结料厚度宜为 1.0 ~ 1.5 mm；

③采用热熔型改性沥青胶结料粘贴卷材时，应随刮随铺，并应展平压实。

3）热熔法铺贴卷材应符合下列规定：

①火焰加热器加热卷材应均匀，不得加热不足或烧穿卷材；

②卷材表面热熔后应立即滚铺，卷材下面的空气应排尽，并应辊压粘贴牢固；

③卷材接缝部位应溢出热熔的改性沥青胶，溢出的改性沥青胶宽度宜为 8 mm；

④铺贴的卷材应平整、顺直，搭接尺寸应准确，不得扭曲、皱褶；

⑤厚度小于 3 mm 的高聚物改性沥青防水卷材，严禁采用热熔法施工。

4）自粘法铺贴卷材应符合下列规定：

①铺贴卷材时，应将自粘胶底面的隔离纸全部撕净；

②卷材下面的空气应排尽，并应辊压粘贴牢固；

③铺贴的卷材应平整、顺直，搭接尺寸应准确，不得扭曲、皱褶；

④接缝口应用密封材料封严，宽度不应小于 10 mm；

⑤低温施工时，接缝部位宜采用热风加热，并应随即粘贴牢固。

5）焊接法铺贴卷材应符合下列规定：

①焊接前卷材应铺设平整、顺直，搭接尺寸应准确，不得扭曲、皱褶；

②卷材焊接缝的结合面应干净、干燥，不得有水滴、油污及附着物；

③焊接时应先焊长边搭接缝，后焊短边搭接缝；

④控制加热温度和时间，焊接缝不得有漏焊、跳焊、焊焦或焊接不牢现象；

⑤焊接时不得损害非焊接部位的卷材。

6）机械固定法铺贴卷材应符合下列规定：

①卷材应采用专用固定件进行机械固定；

②固定件应设置在卷材搭接缝内，外露固定件应用卷材封严；

③固定件应垂直钉入结构层有效固定，固定件数量和位置应符合设计要求；

④卷材搭接缝应粘结或焊接牢固，密封应严密；

⑤卷材周边 800 mm 范围内应满粘。

做一做

请同学们以小组为单位，分组模拟施工现场人员进行质量检查，填写"屋面卷材施工检验批质量验收记录表"，并在学习小组之间交流。

■ 想 一 想

1. 屋面卷材防水工程有哪些施工程序？完整的施工方案还应包括哪些内容？
2. 完整的质量验收文件包括哪些内容？

■ 巩固与拓展

■ 一、知识巩固

对照图4-31所示本任务知识体系，梳理自己所掌握的知识体系，并与同学相互交流、研讨个人对屋面卷材防水施工知识点的理解。

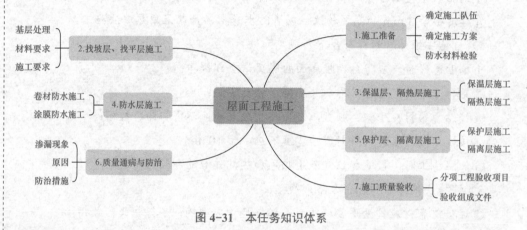

图4-31　本任务知识体系

■ 做 一 做

（1）根据本工程概况及屋面设计做法，分组编制该工程屋面卷材防水专项施工方案，并在学习小组之间交流各自的方案，取长补短，进一步完善自己的专项施工方案。

（2）请同学们以小组为单位写出屋面防水工程技术交底应包含的内容，并在小组之间交流。

■ 二、自主训练

（1）根据本任务工作步骤及方法，查阅《屋面工程质量验收规范》（GB 50207—2012），列出找平层、保温层、防水层、保护层检验批抽检数量。

（2）请同学们查阅《屋面工程质量验收规范》（GB 50207—2012），列出找平层、保温层、防水层、保护层检查项目，并在小组之间进行交流。

任务四：自主训练

任务四考核表

任务名称：屋面防水工程施工　　　　　　　　　　　　　考核日期：

考核项目		分值	自评	考核要点
任务描述		10		任务的理解
任务实施	屋面防水方案设计	10		屋面防水的要求及节点构造
	找平层施工	10		施工工艺，质量检测要点
	主要材料及其验收	15		材料的抽样及性能检测
	屋面防水工程施工	15		卷材的施工方法
	屋面防水工程的质量要求与验收	10		分项工程的检查内容及验收项目组成
	屋面防水工程的质量通病与防治	10		常见渗漏问题的处理
拓展任务	拓展任务	20		拓展任务完成情况与质量
小计		100		
其他考核				
考核人员		分值	评分	考核要求
（指导）教师评价		100		根据学生"任务实施引导"中的相关问题完成情况进行考核，建议教师主要通过肯定成绩引导学生，对于存在的主要问题可通过单独面谈反馈给学生
小组互评		100		主要从知识掌握、小组活动参与度等方面给予中肯评价
总评		100		总评成绩 = 自评成绩 ×40%+ 指导教师评价 ×35%+ 小组评价 ×25%

■ 四、综合练习

1. 填空题

（1）卷材防水屋面具有自重轻、_____较好的优点，尤其是防水层的_____好，能适应结构一定程度的振动和胀缩变形。

（2）带保温层的柔性防水屋面，其主要构造层次有：承重结构层、找平（坡）层、隔汽层、保温层、结合层、_____和_____。

（3）当屋顶采用找坡时，找坡层一般位于_____之上，找坡层最薄处的厚度不宜小于_____。

（4）为防止室内水蒸气透过结构进入保温层，降低保温效果，应在屋面_____下面、_____上面设置隔汽层。

（5）防水层由_____和_____分层粘贴形成。

（6）屋面防水等级为Ⅰ级时，合成高分子防水卷材厚度不应_____，高聚物改性沥青防水卷材不应_____。

（7）泛水的结构处理要点有：泛水高度不小于_____，一般为_____。

（8）根据高聚物改性材料的种类不同，目前常用的有_____、_____、再生胶改性沥青卷材等。

（9）对单组分胶粘剂只需开桶搅拌均匀后即可使用，而双组分胶粘剂则必须严格按照厂家提供的_____和_____计量、掺和、搅拌均匀后才能使用。

（10）改性沥青卷材依据其品种不同，可采用_____、_____、自粘法施工。

2. 判断题

（1）屋面找平层应抹平整且水平，不得有坡度。（　　　）

（2）防水工程保修期为5年。（　　　）

（3）当屋顶采用的结构找坡时，则不需设置找坡层。（　　　）

（4）屋面Ⅰ级防水必须有一道合成高分子卷材。（　　　）

（5）屋面Ⅲ级防水不允许采用涂膜防水。（　　　）

（6）屋面Ⅱ级防水可采用压型钢板进行一道设防。（　　　）

（7）卷材屋面适用于各种防水等级的屋面防水。（　　　）

（8）卷材屋面水泥砂浆找平层的铺设，应由远到近，由低到高。（　　　）

（9）屋面防水施工转角处找平层应做成圆弧或钝角。（　　　）

（10）卷材屋面找平层施工质量好坏，对卷材铺贴质量影响不大。（　　　）

（11）为防止室内水汽进入防水层，卷材屋面都要设隔汽层。（　　　）

（12）隔汽层应设置在保温层上面。（　　　）

（13）卷材防水层应在屋面烟囱、设备安装、管道等施工前完成。（　　　）

（14）涂膜防水应根据防水涂料的品种分层分遍涂布，不得一次涂成。（　　　）

（15）采用两层胎体增强材料时，上、下层不得相互垂直铺设。（　　　）

（16）必须待上道涂层干燥后，方可进行下道涂料施工。（　　　）

（17）涂膜防水屋面应设涂层保护层。（　　　）

（18）卷材垂直屋脊铺贴时，应将卷材从一边檐口整卷铺到另一边檐口以减少接头。（　　　）

（19）垂直屋脊铺贴时，每层卷材应自屋脊铺向檐口，以防卷材铺贴不平而影响质量。（　　　）

（20）防水卷材可分为沥青防水卷材、高聚物改性沥青防水卷材和合成高分子防水卷材三大类。（　　　）

3. 单选题

(1) 防水技术依材料不同可分为两大类即（　　）。

A. 卷材和防水砂浆　　　　　　　B. 地下防水和屋面防水

C. 卷材和涂膜　　　　　　　　　D. 柔性防水和刚性防水

(2) 一般的工业与民用建筑屋面防水等级为（　　）。

A. Ⅰ级　　　　B. Ⅱ级　　　　C. Ⅲ级　　　　D. Ⅳ级

(3) Ⅲ级屋面防水的耐用年限为（　　）年。

A. 5　　　　　B. 10　　　　　C. 15　　　　　D. 25

(4) 高层建筑屋面防水等级属于（　　）。

A. Ⅰ级　　　　B. Ⅱ级　　　　C. Ⅲ级　　　　D. Ⅳ级

(5) 松散材料保温层上不宜采用（　　）找平层。

A. 沥青砂浆　　B. 水泥砂浆　　C. 细石混凝土　　D. 混凝土

(6) 屋面坡度大于15%时，卷材铺贴方向应（　　）。

A. 平行于屋脊　　　　　　　　　B. 垂直于屋脊

C. 平行或垂直于屋脊　　　　　　D. 由高到低

(7) 屋面防水涂膜不宜在气温低于（　　）℃的环境下施工。

A. 0　　　　　B. 5　　　　　C. 10　　　　　D. 15

(8) 热风焊接法施工主要适用于铺贴（　　）。

A. 沥青卷材　　　　　　　　　　B. 高聚物改性沥青卷材

C. 塑料系合成高分子卷材　　　　D. 都可以

(9) 检查卷材搭接是否符合规范要求及有关规定，下列说法错误的是（　　）。

A. 平行于屋脊的搭接缝应顺水流方向搭接

B. 垂直于屋脊的搭接缝应顺主导风向搭接

C. 上下层及相邻两幅卷材的搭接缝应错开

D. 上下层卷材应相互垂直铺贴

（10）为增强涂膜防水层的抗拉能力，改善防水性能，在涂膜防水层施工时，一般采取的措施是（　　）。

A. 提高涂料耐热度　　　　　　　B. 涂料中掺入适量砂子

C. 增加涂膜厚度　　　　　　　　D. 铺设胎体增强材料

（11）垂直于屋脊铺油毡时，每层油毡铺贴应（　　）。

A. 由檐口铺向屋脊　　　　　　　B. 由屋脊铺向檐口

C. 由近向远　　　　　　　　　　D. 由中间向两端

（12）为减少开裂，水泥砂浆找平层应设分格缝，纵横缝的最大间距不宜大于（　　）m。

A. 4　　　　　B. 6　　　　　C. 8　　　　　D. 10

（13）点粘法铺油毡时，每平方米粘结点不少于（　　）个点，每点面积为100 mm×100 mm。

A. 2　　　　　　B. 3　　　　　　C. 4　　　　　　D. 5

（14）刚性防水屋面的细石混凝土强度等级不应低于（　　）。

A. C15　　　　　B. C20　　　　　C. C25　　　　　D. C30

（15）刚性防水屋面中隔离层的作用是（　　）。

A. 防止防水层起鼓　　　　　　　　B. 防止室内水汽进入防水层

C. 保温隔热　　　　　　　　　　　D. 减少防水层受结构影响而开裂

（16）高聚物改性沥青卷材厚度小于（　　）mm 时，不得采用热熔法施工。

A. 2　　　　　　B. 3　　　　　　C. 5　　　　　　D. 10

（17）在卷材防水层中，各层卷材长边和短边搭接的最短尺寸分别是（　　）。

A. 70 mm，100 mm　　　　　　　　B. 70 mm，80 mm

C. 60 mm，100 mm　　　　　　　　D. 100 mm，80 mm

（18）适合于卷材平行屋脊铺设的屋面的坡度应是（　　）。

A. 3%　　　　　B. 18%　　　　　C. 20%　　　　　D. 25%

（19）二级屋面防水要求防水层耐用年限为（　　）年。

A. 25　　　　　B. 10　　　　　C. 15　　　　　D. 5

（20）卷材防水屋面不具有的特点是（　　）。

A. 自重轻　　　　B. 防水性能好　　C. 柔韧性好　　　D. 刚度好

（21）要求设置三道或三道以上防水的屋面防水等级是（　　）级。

A. Ⅳ　　　　　　B. Ⅲ　　　　　　C. Ⅱ　　　　　　D. Ⅰ

（22）适合高聚物改性沥青防水卷材用的基层处理剂是（　　）。

A. 冷底子油　　　B. 氯丁胶沥青乳胶　C. 二甲苯溶液　　D. A 和 B

（23）采用冷粘法施工时，接缝口应用密封材料封严，宽度不小于（　　）mm。

A. 5　　　　　　B. 10　　　　　　C. 20　　　　　　D. 40

（24）刚性防水屋面主要适用屋面防水等级为（　　）级。

A. Ⅰ　　　　　　B. Ⅱ　　　　　　C. Ⅲ　　　　　　D. Ⅳ

（25）有关普通细石混凝土屋面的说法，错误的是（　　）。

A. 防水层厚 30 mm

B. 细石混凝土强度等级为 C15

C. 配筋片 Φ6@10

D. 配筋片 Φ16@100

（26）防水涂膜施工应（　　）涂布。

A. 分步　　　　　B. 分步分遍　　　C. 分层　　　　　D. 分层分遍

（27）涂膜防水屋面应做保护层。保护层采用水泥砂浆或块材时，应在涂膜层与保护层之间设置（　　）。

A. 防水层　　　　　B. 隔离层　　　　　C. 保温层　　　　　D. 找平层

（28）屋面涂膜防水施工中铺设胎体增强材料，屋面坡度小于15%时可（　　）铺设；坡度大于15%时应（　　）铺设，并由屋面最低处向上操作。

A. 平行屋脊，平行屋脊　　　　　　　B. 平行屋脊，垂直屋脊

C. 垂直屋脊，垂直屋脊　　　　　　　D. 垂直屋脊，平行屋脊

（29）下列涂料中不属于合成高分子涂料的是（　　）。

A. 氯丁胶乳沥青　　　　　　　　　　B. 聚氯酯防水涂料

C. 丙烯酸涂料　　　　　　　　　　　D. 硅橡胶涂料

4. 多选题

（1）下列属于柔性防水的是（　　）。

A. APP改性沥青卷材防水　　　　　　B. 细石混凝土防水层

C. 涂膜防水　　　　　　　　　　　　D. 屋面防水

E. 地下防水　　　　　　　　　　　　F. 高分子卷材防水

（2）卷材屋面的水泥砂浆找平层施工要求（　　）。

A. 表面平整、光滑　　　　　　　　　B. 与基层粘结牢固、不空鼓

C. 有一定强度　　　　　　　　　　　D. 不起砂

E. 铺设时，基层要干燥

（3）高聚物改性沥青热熔法施工有两种方法即（　　）。

A. 空铺法　　　　　　　　　　　　　B. 实铺法

C. 条铺法　　　　　　　　　　　　　D. 滚铺法

E. 展铺法

（4）油毡满粘法的施工工序有（　　）。

A. 浇油　　　　　　　　　　　　　　B. 滚铺

C. 展铺　　　　　　　　　　　　　　D. 铺贴

E. 收边　　　　　　　　　　　　　　F. 滚压

（5）高分子卷材的铺贴方法有（　　）。

A. 热铺法　　　　　　　　　　　　　B. 冷粘法

C. 自粘法　　　　　　　　　　　　　D. 热熔法

E. 热风焊接法

（6）刚性防水屋面不适用于（　　）。

A. 现浇钢筋混凝土屋面

B. 装配式钢筋混凝土屋面

C. 有松散保温层的屋面

D. 结构刚度较大的屋面

E. 受较大振动冲击的屋面

（7）改性沥青防水卷材铺贴主要方法有（　　　）。

A. 冷粘法　　　　　　　　　　　B. 涂刷法

C. 热熔法　　　　　　　　　　　D. 浇油法

E. 自粘法

（8）细石混凝土刚性防水屋面的构造层次主要有（　　　）。

A. 结构层　　　　　　　　　　　B. 找平层

C. 隔汽层　　　　　　　　　　　D. 隔离层

E. 防水层　　　　　　　　　　　F. 保护层

（9）关于卷材铺贴说法正确的是（　　　）。

A. 油毡长边搭接不应小于 100 mm

B. 油毡短边搭接不应小于 70 mm

C. 屋面坡度为 3% ～ 15% 时，油毡可采用平行或垂直屋脊铺贴

D. 多层卷材铺贴时，上、下两层严禁相互垂直铺贴

E. 铺贴油毡时，找平层应干净及干燥

（10）屋面接缝密封材料的嵌填方法有（　　　）。

A. 热风焊接　　　　　　　　　　B. 自粘法

C. 热灌法　　　　　　　　　　　D. 冷嵌法

E. 热熔法

（11）下列所示屋面涂膜防水施工的条件不正确的是（　　　）。

A. 五级风及其以上不得施工

B. 在雨天、雪天施工

C. 气温低于 5 ℃时可以施工

D. 涂膜固化前有雨时可以施工

E. 气温高于 35 ℃时可以施工，但必须做好防暑保护措施

5. 简答题

（1）高聚物改性沥青防水卷材热熔法施工工艺流程及要点是什么？常用的铺贴工具有哪些？

（2）高聚物改性沥青防水卷材冷粘法施工工艺流程及要点是什么？常用铺贴工具有哪些？

（3）屋面防水质量通病有哪些？如何防治？

（4）简述屋面卷材防水工程质量检验评定标准和检验方法。

任务五　卫浴间防水工程施工

▌任务目标

知识目标	技能目标	素质及思政目标
1. 掌握卫浴间防水工程施工前的准备工作和对基层的基本要求。 2. 掌握卫浴间防水工程的施工工艺。 3. 掌握卫浴间防水施工的质量标准与安全环保措施	1. 能根据《住宅室内防水工程技术规范》（JGJ 298—2013），对进场材料进行检验和评判。 2. 能根据给出的图纸、卫浴间防水构造图集、技术规范等，设计出卫浴间防水的施工方案。 3. 能模拟卫浴间防水工程的施工现场，进行施工技术交底。 4. 能按照现行《住宅室内防水工程技术规范》（JGJ 298——2013），检查卫浴间防水工程施工质量。 5. 会分析卫浴间防水工程质量通病产生的原因及预防措施	1. 培养自主学习能力。 2. 培养精益求精的工匠精神。 3. 能够关注行业发展及技术创新。 4. 能够自主探索不同的技术实施方法，培养科学精神。 5. 能够自主按照规范开展施工组织，培养良好的职业素养。 6. 能够和同学及教学人员建立良好的合作关系

▌任务描述

● 任务内容

如图 5-1 和图 5-2 所示为某住宅厨房、卫浴间平面图和立面图，防水构造如图 5-3 所示。请根据图纸选择适当的施工工艺，并编写专项施工组织方案。

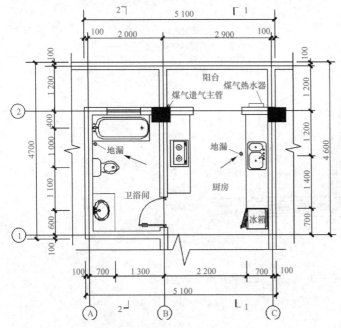

任务五：任务实施引导

图 5-1　厨房、卫浴间平面图

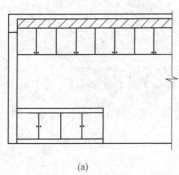

(a)

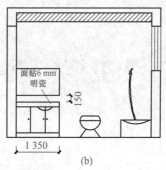

(b)

课程思政：建筑历史之中
国最早的建筑平面图

图 5-2　厨房、卫浴间立面图

（a）厨房1—1立面图；（b）卫浴间2—2立面图

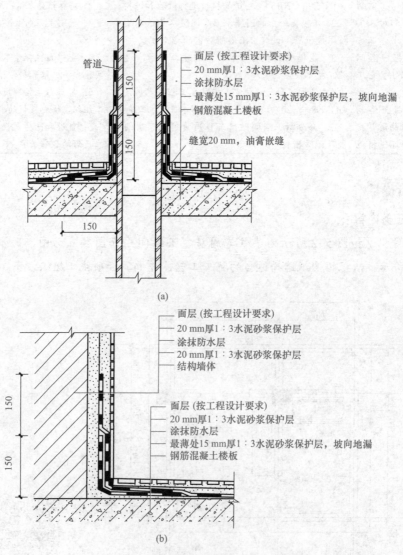

图 5-3　厨房、卫浴间防水节点大样图

（a）管道穿越楼板；（b）墙面、地面交接图

● **实施条件**

1. 施工图纸、《住宅室内防水工程技术规范》（JGJ 298—2013）和《建筑室内防水工程技术规程》（CECS 196—2006）及其他工具书。

2. 存放一定量的施工工具和防水材料供学生认知。

3. 自学手册、方案书和交底书、质量检验报告供任务实施时使用。

程序与方法

步骤一　施工准备

相关知识

卫浴间是人们日常用水集中且用水量大的房间，一旦发生渗漏，将严重影响正常生活和居住条件。卫浴间往往房间面积较小，防水作业空间狭窄，防水难度相对较大，并且住宅和公共建筑中穿过楼地面或墙体的上下水管道，供热、燃气管道一般也都集中明敷在厨房和卫浴间，在这种条件下，使得原本面积较小、空间狭窄的卫浴间空间形状更加复杂。因此，卫浴间防水是室内防水工程的典型代表，其他有水房间的防水层可参照此类房间的施工进行。

想一想

根据卫浴间的以上特点，卫浴间防水宜采用什么材料？为什么？

一、卫浴间防水等级

卫浴间防水设计应根据建筑类别、使用要求划分防水等级，并按不同等级确定设防层次与选用合适的防水材料，在设计和施工时应遵循"以防为主，防排结合，迎水面防水"的原则进行设防。卫浴间的防水等级和设防要求见表 5-1。

《住宅室内防水工程技术规范》（JGJ 298—2013）

表 5-1　卫浴间防水等级和设防要求

项目	防水等级		
	Ⅰ	Ⅱ	Ⅲ
建筑物类别	要求高的大型公共建筑、高级宾馆、纪念性建筑等	一般公共建筑、餐厅、商住楼、公寓等	一般建筑

项目	防水等级			
	I	II		III
地面设防要求	二道防水设防	一道防水设防或刚柔复合防水		一道防水设防

选用材料						
	地面/mm	合成高分子防水涂料厚1.5 聚合物水泥砂浆厚15 细石防水混凝土厚40	材料	单独用	复合用	高聚合物改性沥青防水涂料厚2或防水砂浆厚20
			高聚合物改性沥青防水涂料	3	2	
			合成高分子防水涂料	1.5	1	
			防水砂浆	20	10	
			聚合物水泥砂浆	7	3	
			细石防水混凝土	40	40	
	墙面/mm	聚合物水泥砂浆厚10	防水砂浆厚20 聚合物水泥砂浆7			防水砂浆厚20
	顶棚	合成高分子防水涂料憎水剂	憎水剂或防水素浆			憎水剂

注：根据卫浴间使用特点，这类地面应尽可能选用改性沥青防水涂料或合成高分子防水涂料。

二、防水材料选用

（1）卫浴间、厨房等室内小区域复杂部位楼地面防水，宜选用防水涂料或刚性防水材料做迎水面防水，也可选用柔性较好且易于与基层粘贴牢固的防水卷材。墙面防水层宜选用刚性防水材料或经表面处理后与粉刷层有较好结合性的其他防水材料。顶面防水层应选用刚性防水材料做防水层。当卫浴间、厨房有较高防水要求时，应做两道防水层，防水材料复合使用时应考虑其相容性。

（2）室内防水工程防水层最小厚度应符合表5-2的要求。

表5-2 室内防水工程防水层最小厚度　　　　　　　　mm

序号	防水层材料类型	卫浴间、厨房	两道设防或复合防水
1	聚合物水泥、合成高分子涂料	1.2	1.0
2	改性沥青涂料	2.0	1.2
3	合成高分子卷材	1.0	1.0
4	弹（塑）性体改性沥青防水卷材	3.0	2.0

序号	防水层材料类型		卫浴间、厨房	两道设防或复合防水
5	自粘橡胶沥青防水卷材		1.2	1.2
6	自粘聚酯胎改性沥青防水卷材		2.0	2.0
7	刚性防水材料	掺外加剂、掺合料防水砂浆	20	20
		聚合物水泥防水砂浆Ⅰ类	10	10
		聚合物水泥防水砂浆Ⅱ类、刚性无机防水材料	3.0	3.0

（3）卫浴间工程做法和材料选用，宜按表5-3、表5-4的要求设计。

表5-3 室内防水做法选材（楼地面、顶面）

部位	保护层、饰面层	楼地面（池底）	顶面
卫浴间、厨房	防水层面直接贴瓷砖或抹灰	刚性防水材料、聚乙烯丙纶卷材	聚合物水泥防水砂浆、刚性无机防水材料
	混凝土保护层	刚性防水材料、合成高分子涂料、改性沥青涂料、渗透结晶防水涂料、自粘卷材、弹（塑）性体改性沥青卷材、合成高分子卷材	

表5-4 室内防水做法选材（立面）

部位	保护层、饰面层	立面（池壁）
卫浴间、厨房	防水层面直接贴瓷砖或抹灰	刚性防水材料、聚乙烯丙纶卷材
	防水层面经处理或钢丝网抹底	刚性防水材料、合成高分子防水涂料、合成高分子卷材

（4）防水层外钉挂钢丝网的钉孔应进行密封处理，脱离式饰面层与墙体之间的拉结件在穿过防水后的部位也应进行密封处理。钢丝网及钉子宜采用不锈钢质或进行防锈处理后使用。挂网粉刷可用钢丝网也可用树脂网格布。

（5）长期潮湿环境下使用的防水涂料必须具有较好的耐水性能。

（6）刚性防水材料主要指外加剂防水砂浆、聚合物水泥防水砂浆、刚性无机防水材料。

（7）合成高分子防水材料中聚乙烯丙纶防水卷材的规格不应小于 250 g/m^2，其应用按相应标准要求。

■ 三、防水材料复验项目及现场抽样要求

防水材料复验项目及现场抽样要求见表5-5。

表 5-5　防水材料复验项目及现场抽样要求

序号	材料名称	现场抽样数量	外观质量检验	物理性能检验
1	现场配制防水砂浆	每 10 m³ 为一批，不足 10 m³，按一批抽样	均匀，无凝结团状	抗折强度、粘结强度、抗渗性
2	无机防水材料、干粉防水砂浆	每 10 t 为一批，不足 10 t 按一批抽样	包装完好无损，且标明涂料名称、生产日期、生产厂家、产品有效期	
3	合成高分子防水涂料	每 5 t 为一批，不足 5 t 按一批抽样		固体含量，拉伸强度、断裂延伸率、柔性、不透水性
4	改性沥青防水涂料			
5	胎体增强材料	每 3 000 m³ 为一批，不足 3 000 m³ 按一批抽样	均匀，无团状，平整，无皱褶	拉力，延伸率
6	高聚物改性沥青防水卷材	大于 1 000 卷抽 5 卷，每 500 ~ 1 000 卷抽 4 卷，100 ~ 499 卷抽 3 卷，100 卷以下抽 2 卷，进行规格尺寸和外观质量检验。在外观质量检验合格的卷材中，任取一卷作物理性能检验	断裂、皱褶、孔洞、剥离、边缘不整齐、胎体露白、未浸透、撒布材料粒度、颜色，每卷卷材的接头	可溶物含量，拉力，最大拉力时的延伸率，低温柔度、不透水性、耐热度
7	合成高分子防水卷材		折痕、杂质、胶块、凹痕、每卷卷材的接头	断裂拉伸强度、扯断伸长率、不透水性、低温弯折
8	合成高分子密封材料	每 1 t 为一批，不足 1 t 按一批抽样	均匀膏状物，无结皮、凝结或不易分散的固体团块	拉伸粘结性、柔性

║ 想一想

防水涂料在运输存储过程中还应注意哪些问题？

进场材料复验：供货时必须有生产厂家提供的材料质量检验合格证。材料进场后，使用单位应对进场材料的外观进行检查，并做好记录。材料进场一批，应抽样复验一批。复验项目包括抗拉强度、断裂伸长率、不透水性、低温柔性、耐热度。各项材料指标复验合格后，该材料方可用于工程施工。

做一做

请同学们以学习小组为单位，选定卫浴间防水所用材料，做出材料检测计划，并在小组之间进行交流。

多学一点

卫浴间比较常用的涂膜防水，除聚氨酯外还有 JS 防水涂料。但 JS 防水涂料是白色的。

四、卫浴间防水构造要求

1. 一般规定

（1）卫浴间一般采取迎水面防水。地面防水层设在结构找坡找平面上面并延伸至四周墙面边角，至少需高出地面 150 mm。

（2）地面及墙面找平层应采用 1 ∶ 2.5 ～ 1 ∶ 3 水泥砂浆，水泥砂浆中宜掺外加剂，或地面找坡、找平采用 C20 细石混凝土一次压实、抹平、抹光。

（3）地面防水层宜采用涂膜防水材料，根据工程性质及使用标准选用高、中、低档防水材料，其基本遍数、用量及适用范围见表 5-6。

表 5-6　涂膜防水基本遍数、用量及适用范围

防水涂料	三遍涂膜及厚度	一布四涂及厚度	二布六涂及厚度	适用范围
高档（如聚氨酯防水涂料等）	厚 1.5 mm 1.2 ～ 1.5 kg/m²	厚 1.8 mm 1.5 ～ 1.8 kg/m²	厚 2.0 mm 1.8 ～ 2.0 kg/m²	用于旅馆等公共建筑
中档（如氯丁胶乳沥青防水涂料等）	厚 1.5 mm 1.2 ～ 1.5 kg/m²	厚 1.8 mm 1.5 ～ 2.0 kg/m²	厚 2.0 mm 2.0 ～ 2.5 kg/m²	用于较高级住宅工程
低档（如 SBS 橡胶改性沥青防水涂料等）	厚 1.5 mm 1.8 ～ 2.0 kg/m²	厚 1.8 mm 2.0 ～ 2.2 kg/m²	厚 2.0 mm 2.2 ～ 2.5 kg/m²	用于一般住宅工程

卫浴间采用涂膜时，一般应将防水层布置在结构层与地面面层之间，以便使防

水层受到保护。

（4）对有防水要求的房间地面，如房间跨度超过两个开间，在板支承端处的找平层和刚性防水层上，均应设置宽为 10 ～ 20 mm 的分格缝，并嵌填密封材料。地面宜采取刚性材料和柔性材料复合防水的做法。

（5）卫浴间、厨房的地面标高，应低于门外地面标高不小于 20 mm。

（6）墙面的防水层应由顶板底做至地面，地面为刚性防水层时，应在地面与墙面交接处预留 10 mm×10 mm 凹槽，嵌填防水密封材料。地面柔性防水层应覆盖墙面防水层 150 mm。

（7）对洁具、器具等设备及门框、预埋件等沿墙周边交界处，均应采用高性能的密封材料密封。

（8）穿出地面的管道，其预留孔洞应采用细石混凝土填塞，管根四周应设凹槽，并用密封材料封严，且应与地面防水层相连接。

2．防水工程设计技术要求

（1）设计原则。

1）建筑室内防水工程应遵循"以防为主、防排结合、迎水面防水"的原则。

2）防水层须做在楼地面面层下面。

3）卫浴间的地面标高，应低于门外地面标高，地漏标高应再偏低。

4）厨房的楼、地面应设置防水层，墙面宜设置防潮层；厨房布置在无用水点房间的下层时，顶棚应设置防潮层。

（2）防水材料的选择。设计人员根据工程性质选择不同档次的防水涂料。

1）高档防水涂料：双组分聚氨酯防水涂料。

2）中档防水材料：氯丁胶乳沥青防水涂料。

3）低档防水涂料：APP、SBS 橡胶改性沥青基防水涂料。

（3）排水坡度确定。

1）卫浴间的地面应有 1% ～ 2% 的坡度（高级工程可以为 1%），坡向地漏。地漏处排水坡度，以地漏边向外 50 mm 排水坡度为 3% ～ 5%。当卫浴间设有浴盆时，盆下地面坡向地漏的排水坡度应为 3% ～ 5%。

2）地漏标高应根据门口至地漏的坡度确定，必要时设门槛。

3）餐厅的厨房可设排水沟，其坡度不得小于 3%。排水沟的防水层应与地面防水层相连接。

（4）防水层要求。

1）地面防水层做在楼地面面层以下，四周应高出地面 150 mm。

2）水管须做套管，高出地面 20 mm。管根防水用建筑密封膏进行密封处理。

3）下水管为直管，管根处高出地面。根据管位设小台处理，一般高出地面 10 ～

20 mm。

4）防水层做完后，再做地面。一般做水泥砂浆地面或贴地面砖等。

（5）墙面与顶棚防水。墙面和顶棚应做防水处理，并做好墙面与地面交接处的防水。墙面与顶棚饰面防水材料及颜色由设计人员选定。

（6）涂膜防水层的厚度。

1）低档防水涂膜的厚度要求为 3 mm。

2）中档防水涂膜的厚度要求为 2 mm。

3）高档防水涂膜的厚度要求为 1.2 mm。

■ 五、卫浴间地面防水构造与要求

卫浴间合理的防水构造是做好防水施工的前提。如前所述，卫浴间一般采用迎水面防水，卫浴间地面常见的防水构造层次如图 5-4 所示。

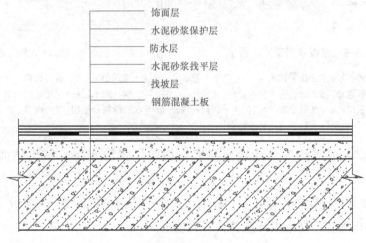

饰面层
水泥砂浆保护层
防水层
水泥砂浆找平层
找坡层
钢筋混凝土板

图 5-4　卫浴间地面防水一般构造

■ 六、卫浴间墙面防水构造

卫浴间墙面防水层应满足如下要求：

（1）卫浴间的墙体，宜设置高出楼地面 150 mm 以上的现浇混凝土泛水。

（2）主体为装配式房屋结构的厕所等部位的楼板应采用现浇混凝土结构。

（3）卫浴间四周墙根防水层泛水高度不应小于 250 mm，其他墙面（如洗脸台、拖把盆的周围）防水以可能溅到水的范围为基准，应向外延伸不应小于 250 mm。浴室花洒喷淋的临墙面防水高度不得低于 2 000 mm。

（4）墙面与楼地面交接部位、穿楼板（墙）的套管宜用防水涂料、密封材料或易粘贴的卷材进行加强防水处理。加强层的尺寸应符合下列要求：

1）墙面与楼地面交接处、平面宽度与立面高度均不应小于 100 mm。

2）穿过楼板的套管，在管体的粘结高度不应小于 20 mm，平面宽度不应小于 150 mm。用于热水管道防水处理的防水材料和辅料，应具有相应耐热性能（图 5-5）。

3）地漏与地面混凝土间应留置凹槽，用合成高分子密封胶进行密封防水处理。地漏四周应设置加强防水层，加强层宽度不应小于 150 mm。防水层在地漏收头处，应用合成高分子密封胶进行密封防水处理（图 5-6）。

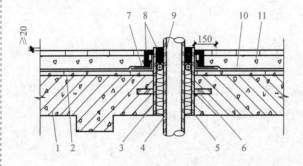

图 5-5 穿楼板管道防水做法

1—结构楼板层；2—找平找坡层；3—防水套管；
4—穿楼板管道；5—阻燃密实材料；6—止水环；
7—附加防水层；8—高分子密封材料；9—背衬材料；
10—防水层口；11—地面砖及结合层

图 5-6 室内地漏防水构造

1—地漏盖板；2—密封材料；3—附加层；
4—防水层；5—地面砖及结合层；
6—水泥砂浆找平层；7—地漏；8—混凝土楼板

4）组装式卫浴间的结构地面与墙面均应设置防水层，结构地面应设排水措施。

5）墙体为现浇钢筋混凝土时，在防水设防范围内的施工缝应做防水处理。

（5）穿楼板管道防水设计应符合下列规定：

1）穿楼板管道应临墙安设，单面临墙的管道套管离墙净距不应小于 50 mm；双面临墙的管道一面临墙不应小于 50 mm，另一面不应小于 80 mm；套管与套管的净距不应小于 60 mm（图 5-7）。

2）穿楼板管道应设置止水套管或其他止水措施，套管直径应比管道大 1～2 级标准；套管高度应高出装饰地面 20～50 mm。

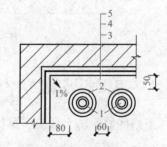

图 5-7 临墙管安装

1—穿楼板管道；2—防水套管；3—墙面饰面层；4—防水层；5—墙体

3）套管与管道之间用阻燃密实材料填实，上口应留 10～20 mm 凹槽嵌入高分子弹性密封材料。

4）洗脸盆台板、浴盆与墙的交接角应用合成高分子密封材料进行密封处理。

做一做

请同学们以小组为单位编制该任务工程卫浴间防水方案，并在小组之间进行交流。

步骤二 卫浴间防水楼地面施工

提示：

参加施工作业的一切人员，必须遵守安全生产纪律，佩戴工作证并戴好安全帽进入施工现场，在作业中严格遵守安全技术操作规程的有关规定，安全上岗，不违章作业，不擅离工作岗位，不乱串工作岗位，严禁酒后作业，并按规定着衣穿鞋。防水材料及防水施工过程不得对环境造成污染。

一、施工程序

卫浴间防水楼地面工程施工程序如图5-8所示。

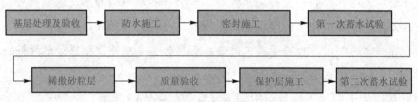

图 5-8 卫浴间防水楼地面工程施工程序

提示：卫浴间防水工程应按设计施工。穿越楼板、防水墙面的管道和预埋件等，应在防水施工前完成安装。卫浴间防水工程的施工环境温度宜为5℃～35℃。

二、施工要点

1. 基层处理及验收

将基层清扫干净；基层应做到找坡正确，排水顺畅，表面平整、坚实，无起灰、起砂、起壳及开裂等现象（图5-9）。涂刷基层处理剂前，基层表面应达到干燥状态。

（1）卫浴间结构层现浇混凝土楼面必须振捣密实，随抹压光，形成一道自身防水层，这是十分重要的。

（2）穿楼板的管道孔洞、套管周围缝隙用掺膨胀剂的细石混凝土浇灌严实抹平，孔洞较大的，应吊底模浇灌，严禁使用碎砖、石块堵填。

（3）在结构层上做厚20 mm的1：3水泥砂浆找平层作为防水层基层。

小视频：卫浴间防水施工工艺

（4）基层必须平整、坚实，表面平整度用 2 m 长直尺检查，基层与直尺之间的最大间隙不应大于 3 mm。基层有裂缝或凹坑，用 1 ∶ 3 水泥砂浆或水泥胶腻子修补平滑。

（5）基层所有的转角做成半径为 10 mm 均匀一致的平滑小圆角。

（6）所有管件、地漏或排水口等部位，必须就位正确，安装牢固。

（7）基层含水率应符合各种防水材料对含水率的要求。

图 5-9　清理基层

多学一点

聚合物水泥防水涂料、聚合物水泥防水浆料和防水砂浆等水泥基材料可以在潮湿基层上施工，但不得有明水；聚氨酯防水涂料、自粘聚合物改性沥青防水卷材等对基层含水率有一定的要求，为确保施工质量，基层含水率应符合相应防水材料的要求。

2. 密封施工

（1）基层应干净、干燥，可根据需要涂刷基层处理剂。

（2）密封施工宜在卷材、涂料防水层施工之前、刚性防水层施工之后完成。

（3）双组分密封材料应配比准确，混合均匀。

（4）密封材料施工宜采用胶枪挤注施工，应将枪嘴对准基面、与基面成 45°角，移动枪嘴应均匀，挤出的密封胶始终处于由枪嘴推动状态，保证挤出的密封胶对缝内有挤压力。密实填充接缝也可以使用腻子刀等嵌填压实。施工时，应用腻子刀多次将密封胶压入凹槽中。

（5）密封材料应根据预留凹槽的尺寸、形状和材料的性能采用一次或多次嵌填。

（6）密封材料嵌填完成后，在硬化前应避免灰尘、破损及污染等。

3. 防水施工

（1）防水涂料施工。

1）防水涂料施工时，应采用与涂料配套的基层处理剂（图 5-10）。基层处理剂涂刷应均匀、不流淌、不堆积。

图 5-10　涂布基层处理剂

2）防水涂料在大面积施工前，应先在阴阳角、管根、地漏、排水口、设备基础根等部位施作附加层，并应夹铺胎体增强材料，附加层的宽度和厚度应符合设计要求（图5-11）。

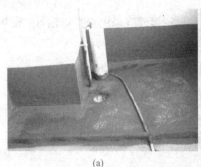

（a）   （b）

图 5-11 附加层施工

（a）阴阳角施工；（b）管道根部施工

3）为保证防水层的有效厚度，采用同质涂料作为基层处理剂，可尽量避免将基层处理剂的厚度与涂膜的厚度之和作为防水层的厚度以达到降低成本的目的。

多学一点

在南方或特殊季节，空气湿度较大，不利于基层水分的蒸发。因此在施工时，应尽可能涂刷水泥基的界面隔离材料，目的是降低基层表面的含水率，使涂膜与基层粘结良好。但隔离剂的厚度不得计入防水层厚度。

4）双组分涂料应按配比要求在现场配制，并应使用机械搅拌均匀，不得有颗粒悬浮物。

5）防水涂料应薄涂、多遍施工，前后两遍的涂刷方向应相互垂直，涂层厚度应均匀，不得有漏刷或堆积现象。

6）应在前一遍涂层实干后，再涂刷下一遍涂料。

7）施工时宜先涂刷立面，后涂刷平面。

8）夹铺胎体增强材料时，应使防水涂料充分浸透胎体层，不得有皱褶、翘边现象。

9）防水涂膜最后一遍施工时，为使防水层（主要是聚氨酯防水涂料）与铺贴饰面层用的胶粘剂之间保持良好的粘结，可在涂层表面撒一些细砂，以增加涂膜表面的粗糙度。

提示： 聚氨酯防水施工完成以后，从其中切下一小块，会发现其外观、颜色和弹性状态很像自行车的内胎。

想一想

在做附加增强层防水涂料和正式施工时的防水涂料，配合比有什么不同？

（2）防水卷材施工。

1）防水卷材与基层应满粘施工，防水卷材搭接缝应采用与基材相容的密封材料封严。

2）涂刷基层处理剂应符合下列规定：

①基层潮湿时，应涂刷湿固化胶粘剂或潮湿界面隔离剂；

②基层处理剂不得在施工现场配制或添加溶剂稀释；

③基层处理剂应涂刷均匀，无露底、堆积；

④基层处理剂干燥后应立即进行下道工序的施工。

多学一点

室内空间不大，通风条件有限，且多数情况下使用的溶剂为苯类物质，溶剂挥发将给室内环境及人身健康带来不良影响。因此，应尽量避免在施工现场自行配制或添加溶剂。

3）防水卷材应在阴阳角、管根、地漏等部位先铺设附加层，附加层材料可采用与防水层同品种的卷材或与卷材相容的涂料。

4）卷材与基层应满粘施工，表面应平整、顺直，不得有空鼓、起泡、皱褶。

5）防水卷材应与基层粘结牢固，搭接缝处应粘结牢固。

6）聚乙烯丙纶复合防水卷材施工时，基层应湿润（润湿基层可确保聚合物水泥胶结料中的水分不被基层吸收而影响水泥的正常水化、硬化），但不得有明水。

7）自粘聚合物改性沥青防水卷材在低温施工时，搭接部位宜采用热风加热，可有效提高粘结密封的可靠性。

（3）防水砂浆施工。

1）施工前应洒水润湿基层，但不得有明水，并宜做界面处理。

2）防水砂浆应用机械搅拌均匀，并随拌随用。

3）防水砂浆宜连续施工。当需留施工缝时，应采用坡形接槎，相邻两层接槎应错开 100 mm 以上，距离转角不得小于 200 mm。

4）水泥砂浆防水层终凝后，应及时进行保湿养护，养护温度不宜低于 5 ℃。

5）聚合物防水砂浆，应按产品的使用要求进行养护。

6）有些聚合物防水砂浆如果始终在湿润或浸水状态下养护，可能会产生聚合物的溶胀。因此，这类材料的养护应按生产企业的要求进行养护。

4. 第一次蓄水试验

待防水层施工完毕后，即可进行蓄水试验。蓄水试验 24 h 后观察无渗漏为合格。

5. 保护层施工

防水层蓄水试验不渗漏，质量检查合格后，进行保护层施工。

6. 饰面层施工

涂膜防水层蓄水试验不渗漏，质量检查合格后，即可进行抹水泥砂浆或粘贴陶瓷锦砖、防滑地砖等饰面层。施工时应注意成品保护，不得破坏防水层。

7. 第二次蓄水试验

卫浴间装饰工程全部完成后，工程竣工前不能进行第二次蓄水试验，以检验防水层完工后是否被水电或其他装饰工程损坏。蓄水试验合格后，卫浴间的防水施工才算圆满完成。

三、节点构造与施工

1. 穿楼板管道

（1）基本规定。

1）穿楼板管道一般包括冷水管、热水管、暖气管、污水管、煤气管、排气管等。一般均在楼板上预留孔或采用手持式薄壁钻机钻孔成型，然后再安装立管。管孔宜比立管外径大 40 mm 以上，如为热水管、暖气管、煤气管时，则需在管外加设钢套，套管上口应高出地面 20 mm，下口与板底齐平，留管缝 2 ～ 5 mm。

2）一般来说，单面临墙的管道，离墙应不小于 50 mm，双面临墙的管道，一边离墙不少于 50 mm，另一边离墙不小于 80 mm，如图 5-12 所示。

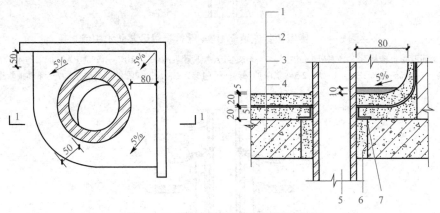

图 5-12　卫浴间管道穿越楼板构造图

1—水泥砂浆保护层；2—涂膜防水层；3—水泥砂浆找平层；4—楼板；5—穿楼板管道；
6—补偿收缩嵌缝砂浆；7—"L"形橡胶膨胀止水条

3）穿过地面防水层的预埋套管应高出防水层 20 mm，管道与套管间尚应留 5 ～ 10 mm 缝隙，缝内先填聚苯乙烯（聚乙烯）泡沫条，再用密封材料封口（图 5-13），并在管子周围加大排水坡度。

（2）防水做法。穿楼板管道的防水做法有两种处理方法，一种是在管道周围嵌填 UEA 管件接缝砂浆；另一种是在此基础上，在管道外壁箍贴膨胀橡胶止水条，如图 5-14、图 5-15 所示。

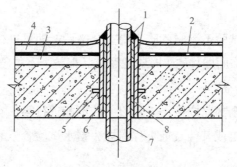

图 5-13　穿过防水层管套

1—密封材料；2—防水层；3—找平层；4—面层；5—止水环；6—预埋套管；7—管道；
8—聚苯乙烯（聚乙烯）泡沫

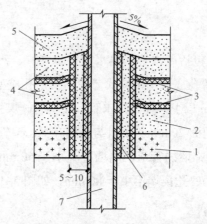

图 5-14　穿楼板管道填充 UEA 管件接缝砂浆防水构造

1—钢筋混凝土楼板；2—UEA砂浆垫层；3—10%UEA水泥素浆；4—（10%～12%UEA）1∶2防水砂浆；
5—（10%～12%UEA）1∶2～2.5砂浆保护层；6—（15%UEA）1∶2管件接缝砂浆；7—穿楼板管道

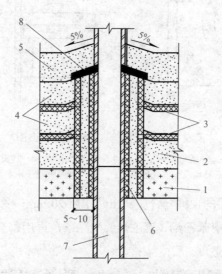

图 5-15　穿楼板管道箍贴膨胀橡胶止水条防水构造

1—钢筋混凝土楼板；2—UEA砂浆垫层；3—10%UEA水泥素浆；4—（10%～12%UEA）1∶2防水砂浆
5—（10%～12%UEA）1∶2～2.5砂浆保护层；6—（15%UEA）1∶2管件接缝砂浆；7—穿楼板管道；
8—膨胀橡胶止水条

（3）施工要求。

1）立管安装固定后，将管孔四周松动石子凿除，如管孔过小时则应按规定要求凿大，然后在板底支模板，孔壁洒水湿润，刷 108 胶水一遍，灌筑 C20 细石混凝土，比板面低 15 mm 并捣实抹平。细石混凝土中宜掺微膨胀剂。终凝后洒水养护并挂牌明示，两天内不得碰动管子。

2）待灌缝混凝土达到一定强度后，将管根四周及凹槽内清理干净并使之干燥，凹槽底部垫以牛皮纸或其他背衬材料，凹槽四周及管根壁涂刷基层处理剂。然后将密封材料挤压在凹槽内，并用腻子刀用力刮压严密与板面齐平，务必使其饱满、密实、无气孔。

3）地面施工找坡、找平层时，在管根四周均应留出 15 mm 宽缝隙，待地面施工防水层时再二次嵌填密封材料将其封严，以便使密封材料与地面防水层连接。

4）将管道外壁 200 mm 高范围内，清除灰浆和油污杂质，涂刷基层处理剂，然后按设计要求涂刷防水涂料。

5）地面面层施工时，在管根四周 50 mm 处，最少应高出地面 5 mm 成馒头形。当立管位置在转角墙处，应有向外 5% 的坡度。

2．地漏

（1）地漏一般在楼板上预留管孔，然后再安装地漏。地漏立管安装固定后，将管孔四周混凝土松动的石子清除干净，浇水湿润，然后板底支模板，灌 1：3 水泥砂浆或 C20 细石混凝土，捣实、堵严、抹平，细石混凝土宜掺微膨胀剂。

（2）卫浴间垫层向地漏处找 1% ～ 3% 坡度，垫层厚度小于 30 mm 时用水泥混合砂浆；大于 30 mm 时用水泥炉渣材料或用 C20 细石混凝土一次找坡、找平、抹光。

（3）地漏上口四周用 20 mm×20 mm 密封材料封严，上面做涂膜防水层，如图 5-16 所示。

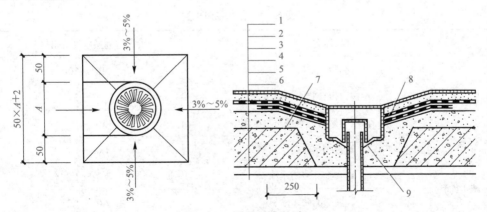

图 5-16 地漏防水构造

1—楼、地面层；2—粘结层；3—防水层；4—找平层；5—垫层或找坡层；6—钢筋混凝土楼板；
7—防水层的附加层；8—密封膏；9—C20细石混凝土翻边

（4）地漏口周围、直接穿过地面或墙面防水层管道及预埋件的周围与平面之间应预留宽 10 mm、深 7 mm 的凹槽，并嵌填密封材料，地漏离墙面净距离宜为 50 ～ 80 mm。

3．大便器

（1）大便器立管安装固定后，与穿楼板立管做法相同，用 C20 细石混凝土灌孔堵严抹平，并在立管接口处四周用密封材料交圈封严，尺寸为 20 mm×20 mm，上面防水层做至管顶部。

（2）大便器与下水管相连接的部位最易发生渗漏，应用与两者（陶瓷与金属）都有良好粘结性能的密封材料封闭严密。下水管穿过钢筋混凝土现浇板的处理方法与穿楼板管道防水做法相同，膨胀橡胶止水条的粘贴方法与穿楼板管道箍贴膨胀橡胶止水条防水做法相同。

（3）采用大便器蹲坑时，在大便器尾部进水处与管接口用沥青麻丝及水泥砂浆封严，外抹涂膜防水保护层。

做一做

请同学们以学习小组为单位，学习交流卫浴间防水技术、安全交底要求，然后模拟施工员对施工现场人员作技术、安全交底。

多学一点

有防潮层要求的具体做法：墙面、顶棚宜采用防水砂浆、聚合物水泥防水涂料做防潮层；无地下室的地面可采用聚氨酯防水涂料、聚合物乳液防水涂料、水乳型沥青防水涂料和防水卷材做防潮层。

采用不同材料做防潮层时，防潮层厚度可按表 5-7 确定。

表 5-7　防潮层厚度

材料种类		防潮层厚度 /mm
防水砂浆	掺防水剂的防水砂浆	15 ～ 20
	涂刷型聚合物水泥防水砂浆	2 ～ 3
	抹压型聚合物水泥防水砂浆	10 ～ 15
防水涂料	聚合物水泥防水涂料	1.0 ～ 1.2
	聚合物乳液防水涂料	1.0 ～ 1.2
	聚氨酯防水涂料	1.0 ～ 1.2
	水乳型沥青防水涂料	1.0 ～ 1.5

材料种类		防潮层厚度 /mm
防水卷材	自粘聚合物改性沥青防水卷材 (无胎基)	1.2
	自粘聚合物改性沥青防水卷材 (聚酯毡基)	2.0
	聚乙烯丙纶复合防水卷材	卷材 ≥ 0.7（芯材 ≥ 0.5），胶结料 ≥ 1.3

步骤三　质量通病及防治措施

■ 一、楼地面渗漏

1. 原因分析

（1）灌缝混凝土、砂浆面层施工质量差，不密实、有微孔。

（2）楼板板面裂纹，如现浇混凝土出现干缩；或预制空心板在长期荷载作用下发生变形，在两块板拼接缝处出现裂纹。

（3）卫生间楼板上未做防水层，或防水层质量不好，局部损坏。

2. 防治措施

（1）按规范进行厨房、卫浴间地面设计与施工。

（2）填缝处理法：对于楼板面上有显著裂缝时，宜采用填缝处理法，即先沿裂缝位置进行扩缝，凿出 15 mm×15 mm 的凹槽，清除浮渣，用水冲洗干净。刮填无机盐类防水堵漏材料。

（3）厨房、卫浴间大面积的地面渗漏，可先拆除地面的饰面层，暴露出漏水部位，然后重新刷防水涂料，除刮填聚氨酯防水涂料外，通常都要加铺胎体增强材料进行修补，防水层全部做好经试水不再渗漏后，再往上面铺贴地面饰材。

（4）表面处理：厨房、卫浴间渗漏，也可不拆除贴面材料，直接在其表面上刮涂透明或彩色的聚氨酯防水涂料。

■ 二、穿过楼板管道渗漏

1. 原因分析

（1）厨房、卫浴间的管道，一般都是土建完工后方进行安装，常因预留孔洞不合适，安装施工时随便开凿，安装完管道后，又没有用混凝土认真填补密实，导致形成渗水通道，地面一有水，就首先由这个薄弱环节渗漏。

（2）暖气立管在通过楼板处没有设置套管，当管子因冷热变化、胀缩变形时，管壁就与楼板混凝土脱开、开裂，形成渗水通道。

（3）穿过楼板的管道受到振动影响，也会使管壁与混凝土脱开，出现裂缝。

2. 防治措施

（1）"堵漏灵"嵌填法：先在渗漏的管道根部周围混凝土楼板上，用凿子剔凿一道深 20～30 mm、宽 10～20 mm 的凹槽，清除槽内浮渣，并用水清洗干净，在潮湿条件下，用"堵漏灵"块料填入槽内砸实，再用砂浆抹平。

（2）涂抹堵漏法：将渗漏的管道根部楼板面清理干净，涂刷合成高分子防水涂料，并粘贴胎体增强材料。

■ 三、地面水汇水倒坡

1. 原因分析

地漏偏高，集水和汇水较差，地面不平有积水，坡度不顺或排水不畅或倒流水。

2. 防治措施

（1）地面坡度要求有 2%，且坡向准确，距地漏边 50 mm 范围坡度增大至 5%，使地漏处呈喇叭口形，使集水、汇水性好，确保排水畅通。

（2）严格控制地漏标高，且应至少低于地面表面 5 mm。

（3）卫浴间、厨房的地面应比走廊及其他室内地面低 20 mm。

（4）面层施工后应作蓄水或泼水试验，严禁有积水和倒坡现象。

■ 四、地漏四周渗漏

1. 原因分析

（1）地漏偏高，集水、汇水性差。

（2）承口杯与基体及排水管接口结合不严密，防水处理过于简陋，密封不严。

（3）地漏周围嵌填的混凝土不密实，有缝隙。

2. 防治措施

（1）安装地漏严格控制标高，应根据门口距地漏的坡度决定，必要时设门槛，宁可稍低于地面，也决不可超高，以确保地面排水迅速、通畅。

（2）安装地漏时，先将承口杯牢固地粘结在承重结构上，再将带胎体增强材料的附加增强层铺贴于承口杯内，随后用插口压紧，然后在其四周，再满涂防水涂料 1～2 遍，待涂膜干燥后，将漏勺放入承插口内。

（3）管口连接固定前，应先进行测量复核地漏标高及位置准确后，方可对口连接，密封固定。

（4）地漏预留孔，在地漏立管安装固定后，要用掺微膨胀剂的细石混凝土认真捣实、抹平。

五、立管四周渗漏

1. 原因分析

（1）立管或套管的周边孔洞填塞不严实，砂浆或混凝土中夹杂碎砖、纸袋木屑等杂物。

（2）立管或套管根部四周未留凹槽和嵌填密封材料。

（3）套管未高出地面或套管与立管之间环隙未嵌密封材料，导致立管四周渗漏。

2. 防治措施

（1）立管或套管的周边孔洞应用掺微膨胀剂的细石混凝土嵌填密实，板底应支模，不得用纸袋、碎砖等堵孔代替模板。

（2）立管或套管根部四周应留 20 mm×30 mm 凹槽并嵌填密封材料，并在嵌填密封材料前，凹槽四周及管壁涂刷基层处理剂。

（3）套管高度应比设计地面高出 20 mm 以上；套管周边应做相同高度的细石混凝土护墩；套管与主管之间的环隙应用密封材料填塞严密。

六、卫生洁具渗漏

1. 原因分析

（1）卫生洁具有砂眼、裂纹。

（2）管道安装前，接头部分未清除灰尘，影响粘结。

（3）下水道管接头不严密。

（4）大便器与冲洗器、存水弯、排水管接口安装时未填塞油麻丝，缝口灰嵌填不密实，未养护，使接口有缝隙。

（5）大便器与冲洗器用胶皮碗绑扎连接，未用铜丝而用铁丝绑扎，年久铁丝锈蚀断开；或胶皮碗本身材质低劣，硬脆或老化，也易破裂。

2. 防治措施

（1）不合格产品不能用。

（2）重新更换法：如纯属管材与卫生洁具本身质量问题，最好是拆除，重新更换质量合格的材料。

（3）接头封闭法：对于非承压的下水管道，如因接口质量不好而渗漏，可沿缝口凿出深 10 mm 的缝隙，然后将自黏性密封胶等防水密封材料嵌入接头缝隙中，进行密封处理。

（4）如大便器的皮碗绑扎铁丝锈断，可将其凿开后，重新用 14 号钢丝绑扎两道，试水无渗漏后，再行填材料团。

七、卫浴间墙及地面大面积潮湿

1. 原因分析

在进行淋浴时，水和水蒸气很多，房间又是密封的，水蒸气等一时不能排除。水和水蒸气逐渐被地面和墙体吸收，使其逐渐饱和，而出现大面积潮湿。

2. 防治措施

出现楼板、墙体大面积潮湿，应先查清浸湿原因。如是楼板裂缝、墙根渗漏等原因所造成，则应按以上方法进行处理，如其他均无问题，只单纯因为潮湿过大，毛细管渗水的原因所造成时，可用以下方法进行处理：

（1）墙或地面潮湿，可用 02 型堵漏灵 Ⅰ 号浆料，配比为：02 型堵漏灵：水 = 1∶0.7～0.8，搅均匀，静置 30 min 后使用。Ⅱ 号浆料的配比为：02 型堵漏灵：水 = 1∶0.8～1.0，搅拌均匀，静置 30 min 后即可使用。

处理时用 Ⅰ 号浆料和 Ⅱ 号浆料在墙面或地面上刮压或涂刷两层（Ⅰ 号一层，Ⅱ 号一层），每层 3～5 遍，待每层做完有硬感时，用水养护，以免裂缝。

（2）墙及地面有大面积缓慢出水时，可先用 03 型堵漏浆料：水 =1∶0.3～0.4 搅拌均匀，静置 20 min 后使用。操作时先刮涂一遍止水，再用 02 型堵漏灵刮涂，可使墙面、地面干燥。

做一做

请同学们以学习小组为单位，观察所在教学楼或宿舍卫生间是否有渗漏？试分析渗漏原因，并提出解决方案。

步骤四　成品保护

想一想

在卫浴间防水施工结束后，照例进行灌水试验，并没有出现渗漏问题，可是在下一道工序进行后却出现渗漏，令人十分头痛，请同学们分析一下，这是为什么？如何解决？

卫浴间防水层成品保护的主要通病：

（1）聚氨酯防水涂刷后，在防水涂膜固化前，外墙施工的外架和室内的泡沫垃圾刮入未固化的防水层上，以渣子沉入涂膜内破坏防水涂膜。

（2）防水层涂刷固化后，水、暖、电工种与土建交叉作业，在卫浴间架立梯子作业，外墙施工的外架工种向卫浴间扔钢管、扣件，外墙、外架工种来回往返室内外时通过卫浴间行走，土建工种在卫浴间放瓷砖，以扎、碰、砸等形式破坏防水层。

（3）卫浴间楼面结构超高，铺设水管后无法贴地砖，瓦工贴地砖时因基层超高而剔凿砂浆破坏防水导层。

（4）水泥砂浆保护层铺设时超厚，贴地砖时因基层超高而随意剔凿，破坏防水层。

（5）水暖管从套管中穿管时，碰撞破坏防水层；卫浴间的水暖管铺设后，水暖工不用砂浆固定牢，下道工序施工时人在其上走动时，造成穿墙管上下回弹，穿墙套管内石棉水泥层酥松破坏；安装暖气片时，暖管摆动，拢动套管处石棉水泥层，使其松动；有的个别地漏超高，切割地漏时，拢动破坏防水层。

（6）因穿墙套管渗漏，土建维修套管内防水，再次剔凿穿墙管处水泥砂浆时，破坏套管外防水层。

（7）安装门框时，门框超高擦伤防水层。

（8）贴门槛石前，因补做门槛石处地砖立边向室外的渗漏通道防水（因卫生间地砖是干硬性砂浆铺贴，会从门槛石下向室外渗水），因土建剔凿清理防水保护的水泥砂浆，不慎破坏防水层。

（9）安装洁具时，在地砖上打眼深度控制不准，不慎破坏防水层。

做一做

请同学们以小组为单位编制该任务工程卫浴间防水施工成品保护方案，并在小组之间交流。

步骤五　卫浴间防水工程施工质量检验

■一、卫浴间防水工程的质量要求

（1）防水层不得有渗漏或积水现象。

（2）使用的材料应符合设计要求和质量标准的规定。

（3）找平层表面应平整、坚固，不得有疏松、起砂、起皮现象，基层排水坡度、含水率应符合设计要求。

（4）墙（立）面防水设防高度应符合设计要求。

（5）卷材铺贴方法和搭接顺序应符合设计要求，搭接宽度正确，接缝严密，不得有皱褶、鼓泡和翘边等现象。

（6）涂膜防水层涂层应无裂纹、皱褶、流淌、鼓泡和露胎体现象。平均厚度不应小于设计厚度，最薄处不应小于设计厚度的80%。

（7）砂浆防水层表面应平整、牢固、不起砂、不起皮、不开裂，防水层平均厚度不应小于设计厚度，最薄处不应小于设计厚度的80%。

（8）密封材料嵌填严密，粘结牢固，表面平整，不得有开裂、鼓泡现象。

提示： 防水层质量分为合格和不合格。

■二、卫浴间防水工程分项工程的划分规定

卫浴间防水工程分项工程划分见表5-8。

表5-8　卫浴间防水工程分项工程划分

部位	分项工程
基层	找平层、找坡层
防水与密封	防水层、密封、细部构造
面层	保护层

卫浴间防水工程应以每一个自然间作为检验批，逐一检验（表5-9～表5-11）。

表5-9　基层检验批检查项目

	检查项目	检验方法	检验数量
主控项目	防水基层所用材料的质量及配合比，应符合设计要求	检查出厂合格证、质量检验报告和计量措施	按材料进场批次为一检验批
	防水基层的排水坡度，应符合设计要求	用坡度尺检查	全数检验
一般项目	防水基层应抹平、压光，不得有疏松、起砂、裂缝	观察检查	全数检验
	阴、阳角处宜按设计要求做成圆弧形，且应整齐平顺	观察和尺量检查	全数检验
	防水基层表面平整度的允许偏差不宜大于4 mm	用2 m靠尺和楔形塞尺检查	全数检验

表 5-10　防水与密封检验批检查项目

	检查项目	检验方法	检验数量
主控项目	防水材料、密封材料、配套材料的质量应符合设计要求，计量、配合比应准确	检查出厂合格证、计量措施、质量检验报告和现场抽样复验报告	进场检验按材料进场批次为一检验批；现场抽样复验，按《住宅室内防水工程技术规范》（JGJ 298—2013）附录 A 执行
	在转角、地漏、伸出基层的管道等部位，防水层的细部构造应符合设计要求	观察检查和检查隐蔽工程验收记录	全数检验
	防水层的平均厚度应符合设计要求，最小厚度不应小于设计厚度的 90%	用涂层测厚仪量测或现场取 20 mm×20 mm 的样品，用卡尺测量	在每一个自然间的楼、地面及墙面各取一处；在每一个独立水容器的水平面及立面各取一处
	密封材料的嵌填宽度和深度应符合设计要求	观察和尺量检查	全数检验
	密封材料嵌填应密实、连续、饱满，粘结牢固，无气泡、开裂、脱落等缺陷	观察检查	全数检验
	防水层不得渗漏	在防水层完成后进行蓄水试验，楼、地面蓄水高度不应小于 20 mm，蓄水时间不应少于 24 h；独立水容器应满池蓄水，蓄水时间不应少于 24 h	每一自然间或每一独立水容器逐一检验
一般项目	涂膜防水层与基层应粘结牢固，表面平整，涂刷均匀，不得有流淌、皱褶、鼓泡、露胎体和翘边等缺陷	观察检查	全数检验
	涂膜防水层的胎体增强材料应铺贴平整，每层的短边搭接缝应错开	观察检查	全数检验
	防水卷材的搭接缝应牢固，不得有皱褶、开裂、翘边和鼓泡等缺陷；卷材在立面上的收头应与基层粘贴牢固	观察检查	全数检验
	防水砂浆各层之间应结合牢固，无空鼓；表面应密实、平整，不得有开裂、起砂、麻面等缺陷；阴、阳角部位应做圆弧状	观察和用小锤轻击检查	全数检验
	密封材料表面应平滑，缝边应顺直，周边无污染	观察检查	全数检验
	密封接缝宽度的允许偏差应为设计宽度的 ±10%	尺量检查	全数检验

表 5-11 保护层检验批检查项目

	检查项目	检验方法	检验数量
主控项目	防水保护层所用材料的质量及配合比应符合设计要求	检查出厂合格证、质量检验报告和计量措施	按材料进场批次为一检验批
	水泥砂浆、混凝土的强度应符合设计要求	检查砂浆、混凝土的抗压强度试验报告	按材料进场批次为一检验批
	防水保护层表面的坡度应符合设计要求，不得有倒坡或积水	用坡度尺检查和淋水检验	全数检验
	防水层不得渗漏	在保护层完成后应再次作蓄水试验，楼、地面蓄水高度不应小于 20 mm，蓄水时间不应少于 24 h；独立水容器应满池蓄水，蓄水时间不应少于 24 h	每一自然间或每一独立水容器逐一检验
一般项目	保护层应与防水层粘结牢固，结合紧密，无空鼓	观察检查，用小锤轻击检查	全数检验
	保护层应表面平整，不得有裂缝、起壳、起砂等缺陷；保护层表面平整度不应大于 5 mm	观察检查，用 2 m 靠尺和楔形塞尺检查	全数检验
	保护层厚度的允许偏差应为设计厚度的 ±10%，且不应大于 5 mm	用钢针插入和尺量检查	在每一自然间的楼、地面及墙面各取一处；在每一个独立水容器的水平面及立面各取一处

想一想

　　同学们可以通过学习本节内容，回顾自己所编防水施工交底是否有不足之处，试补充交底内容。

▌ 做 一 做

请同学们以小组为单位，分组模拟施工现场人员进行质量检查，填写卫浴间地面蓄水试验检查记录，并在学习小组之间交流。

▌ 巩固与拓展

■ 一、知识巩固

对照图 5-17，梳理自己所掌握的知识体系，并与同学相互交流、研讨个人对某些知识点或技能技巧的理解。

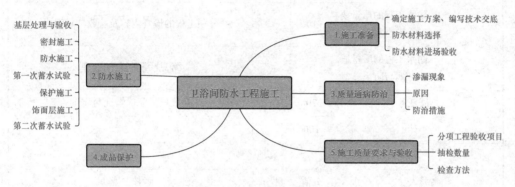

图 5-17　本任务知识体系图

▌ 做 一 做

请同学们根据某住宅厨房、卫浴间平面图和立面图、防水构造图，选择适当的施工工艺，分组编制该工程防水专项施工方案。并在学习小组之间交流各自的方案，取长补短，进一步完善自己的专项施工方案。

■ 二、自主训练

根据本任务的学习步骤及方法，利用所学知识，自主完成"自主学习"中的拓展任务。

任务五：自主训练

■三、任务考核

任务五考核表

任务名称：卫浴间防水工程施工　　　　　　　　　　　　考核日期：

考核项目		分值	自评	考核要点
任务描述	任务描述	10		任务的理解
任务实施	防水方案设计	10		防水的要求及节点构造
	找平层施工	10		施工工艺，质量检测要点
	主要材料及其验收	15		材料的抽样及性能检测
	防水工程施工	15		涂膜的施工方法
	防水工程的质量要求与验收	10		分项工程的检查内容及验收项目组成
	防水工程的质量通病与防治	10		常见渗漏问题的处理
拓展任务		20		拓展任务完成情况与质量
小计		100		

其他考核

考核人员	分值	评分	考核要点
（指导）教师评价	100		根据学生"任务实施引导"中的相关问题完成情况进行考核，建议教师主要通过肯定成绩引导学生，对于存在的主要问题可通过单独面谈反馈给学生
小组互评	100		主要从知识掌握、小组活动参与度等方面给予中肯评价
总评	100		总评成绩＝自评成绩×40%＋指导教师评价×35%＋小组评价×25%

■四、综合练习

1. 填空题

（1）卫浴间防水一般采用＿＿＿＿＿＿＿、＿＿＿＿＿＿＿防水方法。

（2）卫浴间楼地面找平层已完成，标高符合要求，表面应抹平压光、坚实、平整，无＿＿＿＿＿＿＿、＿＿＿＿＿＿＿、＿＿＿＿＿＿＿等缺陷。含水率不大于9%，要求基本干燥，若基层过于潮湿可用抗渗堵漏材料做潮湿基层处理，待表面干燥后再做防水层。

（3）找平层的泛水坡度应在＿＿＿＿＿＿＿以上，不得局部积水，与墙交接处及转角处、管根部位，均要抹成半径为 100 mm 的均匀一致、平整光滑的小圆角，要用专用抹子。凡是靠墙的管根处均要抹出＿＿＿＿＿＿＿坡度，避免此处积水。

（4）涂刷防水层的基层表面，应将尘土、杂物清扫干净，表面残留的灰浆硬块及高出部分应刮平，扫净。对管根周围不易清扫的部位，应用毛刷将灰尘等清除，如有坑洼不平处或阴阳角未抹成圆弧处，可用 108 胶∶水泥∶砂 =1∶＿＿＿＿＿＿＿∶2.5 砂浆修补。

（5）基层做防水涂料之前，在突出地面和墙面的管根、地漏、排水口、阴阳角等易发生渗漏的部位，应做＿＿＿＿＿＿＿层增补。

（6）卫浴间墙面按设计要求及施工规定（四周至少上卷＿＿＿＿＿＿＿mm）有防水的部位，墙面基层抹灰要压光，要求平整，无空鼓、裂缝、起砂等缺陷。穿过防水层的管道及固定卡具应提前安装并在距管 50 mm 范围内凹进表层 5 mm，管根做成半径为 10 mm 的圆弧。

（7）根据墙上的 +0.5 m 水平控制线，弹出墙面防水高度线，标出立管与标准地面的交界线，涂料涂刷时要与此线＿＿＿＿＿＿＿。

（8）卫浴间做防水之前必须设置足够的＿＿＿＿＿＿＿设备（安全低压灯等）和通风设备。

（9）防水材料一般为易燃有毒物品，存料与施工现场严禁烟火。施工现场要＿＿＿＿＿＿＿足够的灭火器等消防器材，施工人员要着工作服，穿软底鞋，并设专业工长监管。

（10）环境温度保持在＿＿＿＿＿＿＿℃以上。

（11）操作人员应经过专业培训考核合格后，持＿＿＿＿＿＿＿上岗，先做样板间，经检查验收合格，方可全面施工。

2. 简答题

（1）写出单组分聚氨酯防水涂料施工的主要施工机具。

（2）试述单组分聚氨酯防水涂料施工工艺。

（3）简述基层清理的施工要点。

（4）简述细部附加层施工要点。

（5）简述涂膜防水层施工要点。

（6）厕浴间涂膜防水施工有哪些成品保护措施？

任务六　建筑外墙防水工程施工

任务目标

知识目标	技能目标	素质及思政目标
1. 了解外墙防水的设防要求和外墙防水材料的种类及质量要求。 2. 领会外墙防水工程的质量标准与安全环保措施。 3. 掌握外墙外保温与无保温层外墙防水砂浆的施工方法	1. 能根据防水材料的检验标准，对进场材料进行检验和评判。 2. 能根据给出的图纸、地下室构造图、技术规范等，设计出外墙防水的施工方案。 3. 能模拟施工现场进行施工技术、安全交底。 4. 能按照现行《建筑外墙防水工程技术规程》（JGJ/T 235—2011），检查外墙防水工程施工质量。 5. 能分析外墙防水工程质量通病产生的原因及预防措施	1. 培养自主学习能力。 2. 培养精益求精的工匠精神。 3. 能够关注行业发展及技术创新。 4. 能够自主探索不同的技术实现方法，培养科学精神。 5. 能够自主按照规范开展施工组织，培养良好的职业素养。 6. 能够和同学及教学人员建立良好的合作关系

任务描述

● 任务内容

山东威海某公寓楼，建筑面积为 9 874.3 m²，建筑层数为 19 层，地下两层，檐口高度为 61.56 m。基础为筏板基础，结构形式为框剪结构。外墙做法：墙体采用 200 mm 厚加气混凝土砌块砌筑，保温采用 4 cm 厚现浇聚氨酯发泡，面层干挂大理石。根据工程概况及建筑做法说明，编制外墙专项防水工程施工方案。

任务六：任务实施引导

● 实施条件

1. 施工图纸、建筑做法、施工规范、质量验收规范等资料，供学生自主学习时获取必要的信息。

2. 联系与教学相适应的工地，方便现场教学。

3. 方案书和交底书、质量检验报告等工具表格。

步骤一　外墙防水施工准备

外墙防水施工准备主要包含外墙防水防护设计、防水材料进场检查与验收、墙体检查与处理三个方面的内容，如图 6-1 所示。

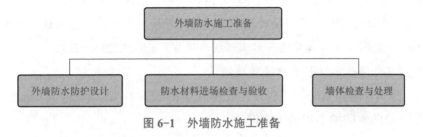

图 6-1　外墙防水施工准备

■ 一、建筑外墙防水防护方案设计

建筑外墙防水防护分为整体防水防护和节点构造防水防护。

▓ 相关知识

（1）《建筑外墙防水工程技术规程》（JGJ/T 235—2011）规定有下列情况之一的建筑外墙，宜进行墙面整体防水：

1）年降水量大于等于 800 mm 地区的高层建筑外墙；

2）年降水量大于等于 600 mm 且基本风压大于等于 0.5 kN/m² 地区的外墙；

3）年降水量大于等于 400 mm 且基本风压大于等于 0.4 kN/m² 地区有外保温的外墙；

4）年降水量大于等于 500 mm 且基本风压大于等于 0.35 kN/m² 地区有外保温的外墙；

5）年降水量大于等于 600 mm 且基本风压大于等于 0.3 kN/m² 地区有外保温的外墙。

（2）高层建筑是指住宅 10 层以上；公共建筑及综合性建筑，总高度大于 24 m。

（3）除规程以上规定的地区外，年降水量大于等于 400 mm 地区的外墙应采用节点构造防水措施。这部分地区有一定降水量，风压不大。

《建筑外墙防水工程技术规程》（JGJ/T 235—2011）

▓ 想一想

在所见工程中，外墙防水防护应属于哪一种类型？属于规程中的哪一种情况？

多学一点

在工程防水领域，经过近二十年的努力，屋面工程和地下工程渗漏水得到了有效的控制，而随着建筑形式和外墙形式的多样化、新型墙体材料的运用和外墙外保温要求的实施，外墙渗漏水问题日趋严重，不仅影响了建筑物的正常使用，同时对结构安全也造成了一定的影响。建筑外墙渗漏情况在全国范围内比较多见，尤其以华南、华东、东北、华北等地区更为突出。由于华南、华东地区降雨量大，沿海地区风力又较大，加之建筑形式的多样化致使墙体渗漏情况加剧。东北、华北地区的渗漏水问题主要集中在冬季融雪过程。为解决外墙渗漏，规范外墙防水做法，我国住房和城乡建设部在2011年发布了《建筑外墙防水工程技术规程》（JGJ/T 235—2011）。

1. 建筑外墙防水防护工程设计规定

（1）建筑外墙防水防护工程设计应包括以下内容：

1）外墙防水防护工程的构造设计。

2）防水防护层材料及其性能指标。

3）细部构造的密封防水措施、材料及其性能指标。

（2）建筑外墙的防水防护层应设置在迎水面。

（3）不同结构材料的交接面应采用宽度不少于150 mm的耐碱玻璃纤维网格布或热镀锌电焊网做抗裂增强处理。

（4）外墙相关构造层次之间应粘结牢固，并宜进行界面处理。界面处理材料的种类和做法应根据构造层次材料确定。

2. 构造设计

建筑物的外墙防水防护分为外保温外墙、无保温外墙、墙体兼做保温层三种做法，其中墙体有保温层又分为墙体外保温与墙体内保温两种做法。下面以无保温外墙与墙体外保温两种外墙防水防护构造为例进行说明。

（1）无外保温外墙的防水防护层设计应符合下列规定：

1）防水层应设置在外墙的迎水面。

2）外墙采用涂料饰面时，防水层应设在找平层和涂料面层之间（图6-2），防水层宜采用聚合物水泥防水砂浆或普通防水砂浆。

3）外墙采用块材饰面时，防水层应设在找平层和块材粘结层之间（图6-3），防水层宜采用聚合物水泥防水砂浆或普通水泥砂浆。

4）外墙采用幕墙饰面时，防水层应设在找平层和幕墙饰面之间（图6-4），防水层宜采用聚合物水泥防水砂浆、普通防水砂浆聚合物水泥防水涂料、聚合物乳液防水涂料或聚氨酯防水涂料。

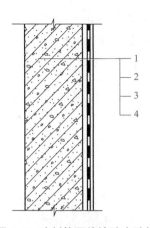

图 6-2　涂料饰面外墙防水防护构造

1—结构墙体；2—找平层；
3—防水层；4—涂料面层

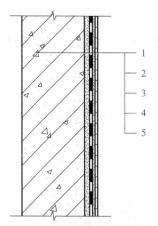

图 6-3　块材饰面外墙防水防护构造

1—结构墙体；2—找平层；3—防水层；
4—粘结层；5—块材饰面层

（2）外保温外墙的防水防护层设计应符合下列规定：

1）防水层应设在保温层的迎水面上。

2）采用涂料或块材饰面时，防水层宜设在保温层和墙体基层之间，防水层可采用聚合物水泥防水砂浆或普通防水砂浆（图 6-5）。

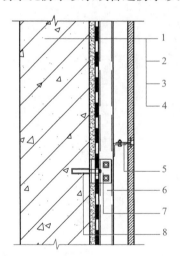

图 6-4　幕墙饰面外墙防水防护构造

1—结构墙体；2—找平层；3—防水层；4—面板；
5—挂件；6—竖向龙骨；7—连接件；8—锚栓

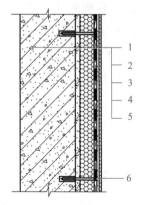

图 6-5　涂料饰面外保温外墙防水防护构造

1—结构墙体；2—找平层；3—保温层；
4—防水层；5—涂料层；6—锚栓

3）采用面砖饰面时，防水层宜采用聚合物水泥防水砂浆，聚合物水泥砂浆可兼作保温层的抗裂砂浆层（图 6-6）。

4）聚合物水泥砂浆防水层中应增设耐碱玻纤网格布，并用锚栓固定于结构墙体中。

5）采用幕墙饰面时，设在找平层上的防水层宜采用聚合物水泥防水砂浆、普通防水砂浆、聚合物水泥防水涂料、聚合物乳液防水涂料或聚氨酯防水涂料，当外墙保温层选用矿物棉保温材料时，防水层宜采用防水透气膜（图6-7）。

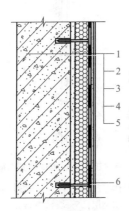

图6-6 抗裂砂浆层兼作防水层的外墙
防水防护构造

1—结构墙体；2—找平层；3—保温层；
4—防水抗裂层；5—装饰面层；6—锚栓

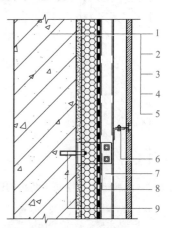

图6-7 幕墙饰面外保温外墙
防水防护构造

1—结构墙体；2—找平层；3—保温层；
4—防水透气膜；5—面板；6—挂件；
7—竖向龙骨；8—连接件；9—锚栓

多学一点

防水透气膜由聚丙烯材料＋高分子薄膜＋聚丙烯材料热熔压胶而成（图6-8）。其可以应用于混凝土、砌体、钢木结构墙体上，具有既向保温层结构外透气，又能防止外部水向保温层结构内渗透的功能，可起到对保温层及墙体结构保护的作用，以保障墙体维持长期使用达到原设计规定的保温热工性能。

（3）防水防护层的最小厚度应符合表6-1的规定。

图6-8 防水透气膜

表6-1 外墙防水防护层最小厚度 mm

墙体基层种类	饰面层种类	防水砂浆			防水涂料	防水饰面涂料
		干粉聚合物	乳液聚合物	普通防水砂浆		
现浇混凝土	涂料				1.0	1.2
	面砖	3	5	8	—	—
	干挂幕墙				1.0	—

墙体基层种类	饰面层种类	防水砂浆			防水涂料	防水饰面涂料
		干粉聚合物	乳液聚合物	普通防水砂浆		
砌体	涂料				1.2	1.5
	面砖	5	8	10	—	—
	干挂幕墙				1.2	—

（4）砂浆防水层宜留分格缝，分格缝宜设置在墙体结构不同材料交接处。水平分格缝宜与窗口上沿或下沿平齐；垂直分格缝间距不宜大于 6 m，且宜与门、窗框两边线对齐。分格缝缝宽宜为 8～10 mm，缝内应采用密封材料做密封处理，涂层厚度应不小于 1.2 mm。

提示：《建筑外墙防水工程技术规程》（JGJ/T 235—2011）所示外墙构造做法均是保温层在防水层之下。在实际工程中，根据保温层做法不同，保温层也可做在防水层之上。

（5）节点构造防水设计。

1）门窗框与墙体间的缝隙宜采用聚合物水泥防水砂浆或发泡聚氨酯填充；外墙防水层应延伸至门窗框，防水层与门窗框间应预留凹槽，并应嵌填密封材料；门窗上楣的外口应做滴水处理；外窗台应设置坡度不小于 5% 的排水坡度（图 6-9、图 6-10）。

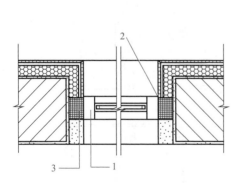

图 6-9 门窗框防水防护平剖面构造

1—窗框；2—密封材料；3—聚合物水泥防水砂浆或发泡聚氨酯

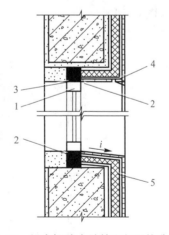

图 6-10 门窗框防水防护立剖面构造

1—窗框；2—密封材料；3—聚合物水泥防水砂浆或发泡聚氨酯；4—滴水线；5—外墙防水层

2）雨篷应设置坡度不小于 1% 的外排水坡，外口下沿应做滴水处理；雨篷与外墙交接处的防水层应连续；雨篷防水层应沿外口下翻至滴水部位（图 6-11）。

3）阳台应向水落口设置坡度不应小于 1% 的排水坡度，水落口周边应留槽嵌填密封材料。外口下沿应做滴水线（图 6-12）。

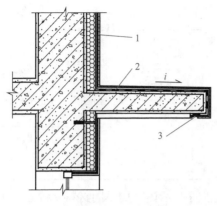

图 6-11 雨篷防水防护构造

1—外墙保温层；2—雨篷防水层；3—滴水线

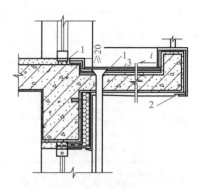

图 6-12 阳台防水构造

1—密封材料；2—滴水线；3—防水层

4）变形缝处应增设合成高分子防水卷材附加层，卷材两端应满粘于墙体，满粘的宽度不应小于150 mm，并应钉压固定卷材，收头应用密封材料密封（图 6-13）。

5）穿过外墙的管道宜采用套管，墙管洞应内高外低，坡度不应小于 5%，套管周边应作防水密封处理（图 6-14）。

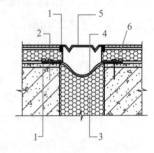

图 6-13 变形缝防水防护构造

1—密封材料；2—锚栓；3—衬垫材料；
4—合成高分子防水卷材（两端粘结）；
5—不锈钢板；6—压条

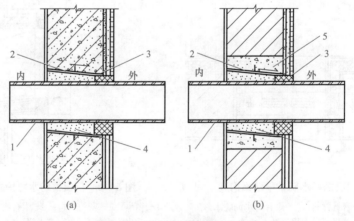

图 6-14 伸出外墙管道防水构造

（a）伸出外墙管道防水构造（一）； （b）伸出外墙管道防水构造（二）

1—伸出外墙管道；2—套管；3—密封材料；4—聚合物水泥防水砂浆；5—细石混凝土

6）女儿墙压顶宜采用现浇钢筋混凝土或金属压顶，压顶应向内找坡，坡度不应小于 2%。

7）女儿墙采用混凝土压顶时，外墙防水层应延伸至压顶内侧的滴水线部位

[图 6-15（a）] 当采用金属压顶时，外墙防水层应做到压顶的顶部，金属压顶应采用专用金属配件固定 [图 6-15（b）]。

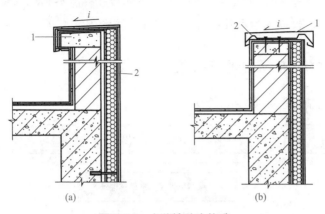

图 6-15　女儿墙防水构造

（a）混凝土压顶女儿墙防水构造

1—混凝土压顶；2—防水层

（b）金属压顶女儿墙防水构造

1—金属压顶；2—金属配件

8）外墙预埋件四周应用密封材料封闭严密，密封材料与防水层应连续。

9）上部结构与地下室墙体交接部位的防水处理应符合下列规定：

①严寒和寒冷地区外墙保温层及防水防护层延伸至室外地坪下的深度，应根据当地的冻土深度确定，并不应小于 1 000 mm。

②外墙防水层应延伸至保温层底部以下与地下室外墙防水层搭接，搭接长度不应小于 150 mm，防水层收头应用密封材料封严（图 6-16）。

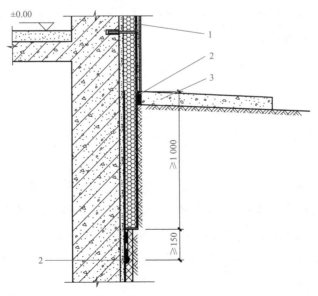

图 6-16　上部结构与地下室墙体交接部位防水防护构造

1—外墙防水层；2—密封材料；3—室外地坪（散水）

做一做

请同学们以学习小组为单位，学习交流建筑物外墙防水构造设计，然后假定家乡为工程所在地，模拟施工人员制定该工程外墙防水方案。

二、防水材料进场检查与验收

材料进场控制流程如图 6-17 所示。

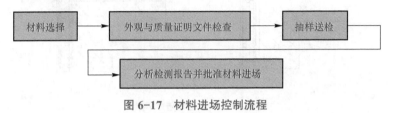

图 6-17 材料进场控制流程

1. 防水材料及密封材料的要求

（1）建筑外墙防水防护工程所用材料应符合国家现行有关标准的要求。

（2）防水材料的性能指标应满足建筑外墙防水设计的要求。

（3）饰面材料兼作防水层时，应满足防水功能及耐老化性能要求。

相关知识

防水材料选用原则：

（1）安全原则。安全原则包括以下两个方面。

1）由于墙面结构为竖向持续受力，防水层与各相关层的粘结强度必须满足工程要求。防水材料与基层的粘力及在防水材料面上直接施工的构造层的粘结力，必须达到防止整合下滑或局部起壳的要求。对于设置在结构层与饰面层之间的防水层，聚合物水泥防水砂浆或普通防水砂浆是满足与各构造层有效粘结性能的首选材料。

2）防火安全性能。幕墙结构有可能将防水层设置在幕墙内的最外层，有机防水涂料及防水透气膜是可选材料之一，这种情况下所选用的防水材料必须满足有关防水规范要求。

（2）防水原则。防水材料应满足相应抗渗要求和整体性要求。所有防水材料（最低 0.2 MPa）均能达到 12 级台风（0.85×10^{-3} MPa）时大雨的水压，所以，防水材料抗渗性能不是最主要的，而材料的收缩和温差裂缝是导致漏水的主要原因。聚合物防水砂浆的收缩率只有普通砂浆的一半，抗折性能也大大高于普通砂浆，所以，聚合物防水砂浆更为适用。

（3）密封原则。外墙防水最为关键的是门、窗等节点防水，整体墙面吸水后，雨水通过砂浆层，在窗框与墙体间隙等薄弱部位渗入室内。有两方面问题需要解决：一方面是墙体与窗之间的填充材料必须是防水材料；另一方面是与门窗框直接相连的材料不仅粘结性能好，而且要在门、窗开启受力和受强风振动时不会开裂。特别是较大面积的落地窗，风压推力可能会达到几百公斤，边框会出现弯挠变形，雨水会顺风直入室内。所以，门窗框部位防水不仅要有强度和防水性能的砂浆，还需要使用高分子密封材料进行密封处理，必要时还可以用高分子防水涂料进行节点防水。

想一想

防水卷材可以用作建筑外墙防水材料吗？为什么？

2. 防水材料及密封材料的质量检查

（1）外观与质量证明文件检查。材料外包装符合要求，生产厂家标示明显，产品出厂合格证书与检验报告齐全。要求产品备案的地区必须有备案证明。

（2）材料抽样送检和复验项目。外墙防水材料现场抽样数量和复验项目应按表 6-2 的要求执行。

表 6-2　防水材料现场抽样数量和复验项目

序号	材料名称	现场抽样数量	复验项目	
			外观质量	主要性能
1	普通防水砂浆	每 10 m³ 为一批，不足 10 m³ 按一批抽样	均匀，无凝结团状	应满足《建筑外墙防水工程技术规程》（JGJ/T 235—2011）表 4.2.1 的要求
2	聚合物水泥防水砂浆	每 10 t 为一批，不足 10 t 按一批抽样	包装完好无损，标明产品名称、规格、生产日期、生产厂家、产品有效期	应满足《建筑外墙防水工程技术规程》（JGJ/T 235—2011）表 4.2.2 的要求
3	防水涂料	每 5 t 为一批，不足 5 t 按一批抽样	包装完好无损，标明产品名称、规格、生产日期、生产厂家、产品有效期	应满足《建筑外墙防水工程技术规程》（JGJ/T 235—2011）表 4.2.3、表 4.2.4 和表 4.2.5 的要求
4	防水透气膜	每 3 000 m² 为一批，不足 3 000 m² 按一批抽样	包装完好无损，标明产品名称、规格、生产日期、生产厂家、产品有效期	应满足《建筑外墙防水工程技术规程》（JGJ/T 235—2011）表 4.2.6 的要求
5	密封材料	每 1 t 为一批，不足 1 t 按一批抽样	均匀膏状物，无结皮、凝胶或不易分散的固体团状	应满足《建筑外墙防水工程技术规程》（JGJ/T 235—2011）表 4.3.1 ～ 表 4.3.4 的要求

序号	材料名称	现场抽样数量	复验项目	
			外观质量	主要性能
6	耐碱玻璃纤维网布	每 3 000 m² 为一批，不足 3 000 m² 按一批抽样	均匀，无团状，平整，无皱褶	应满足《建筑外墙防水工程技术规程》（JGJ/T 235—2011）表 4.4.1 的要求
7	热镀锌电焊网	每 3 000 m² 为一批，不足 3 000 m² 按一批抽样	网面平整，网孔均匀，色泽基本均匀	应满足《建筑外墙防水工程技术规程》（JGJ/T 235—2011）表 4.4.3 的要求

（3）检测项目。

1）防水材料。

①普通防水砂浆主要性能应符合表 6-3 的规定，试验检验应按《预拌砂浆》（GB/T 25181—2019）执行。

表 6-3　普通防水砂浆主要性能

项目		指标
稠度 /mm		50，70，90
终凝时间 /h		≥8，≥12，≥24
抗渗压力 /MPa	28 d	≥0.6
拉伸粘结强度 /MPa	14 d	≥0.20
收缩率 /%	28 d	≤0.15

②聚合物水泥防水砂浆主要性能应符合表 6-4 的规定，试验检验应按《聚合物水泥防水砂浆》（JC/T 984—2011）执行。

表 6-4　普通防水砂浆主要性能

项目		指标	
		干粉类	乳液类
凝结时间	初凝 /min	≥45	≥45
	终凝 /h	≤12	≤24
抗渗压力 /MPa	7 d	≥1.0	
粘结强度 /MPa	7 d	≥1.0	
抗压强度 /MPa	28 d	≥24.0	
抗折强度 /MPa	28 d	≥8.0	

项目	指标	
	干粉类	乳液类
收缩率 /%	28	≤ 0.15
压折比	≤ 3	

③聚合物水泥防水涂料主要性能应符合表 6-5 的规定；试验检验应按《聚合物水泥防水涂料》（GB/T 23445—2009）执行。

表 6-5　聚合物水泥防水涂料主要性能

项目	指标
固体含量 /%	≥ 70
拉伸强度（无处理）/MPa	≥ 1.2
断裂伸长率（无处理）/%	≥ 200
低温柔性（φ10 mm 棒）	−10 ℃无裂纹
粘结强度（无处理）/MPa	≥ 0.5
不透水性（0.3 MPa，30 min）	不透水

④聚合物乳液防水涂料主要性能应符合表 6-6 的规定，试验检验应按《聚合物乳液建筑防水涂料》（JC/T 864—2008）执行。

表 6-6　聚合物乳液防水涂料主要性能

试验项目		指标	
		Ⅰ类	Ⅱ类
拉伸强度 /MPa		≥ 1.0	≥ 1.5
断裂延伸率 /%		≥ 300	
低温柔性（绕 φ10 mm 棒，棒弯 180°）		−10 ℃，无裂纹	−20 ℃，无裂纹
不透水性（0.3 MPa，30 min）		不透水	
固体含量 /%		≥ 65	
干燥时间 /h	表干时间	≤ 4	
	实干时间	≤ 8	

⑤聚氨酯防水涂料性能应符合表 6-7 的规定，试验检验应按《聚氨酯防水涂料》（GB/T 19250—2013）执行。

表 6-7　聚氨酯防水涂料性能

项目	指标			
	单组分		多组分	
	Ⅰ类	Ⅱ类	Ⅰ类	Ⅱ类
拉伸强度 /MPa	≥ 1.90	≥ 2.45	≥ 1.90	≥ 2.45
断裂延伸率 /%	≥ 550	≥ 450	≥ 450	≥ 450
低温弯折性 /℃	≤ −40		≤ −35	
不透水性（0.3 MPa，30 min）	不透水		不透水	
固体含量 /%	≥ 80		≥ 92	
表干时间 /h	≤ 12		≤ 8	
实干时间 /h	≤ 24		≤ 24	

多学一点

防水透气膜性能见表 6-8。

表 6-8　防性透气膜性能

项目	指标	
	Ⅰ类	Ⅱ类
水蒸气透过量 [g/（m² · 24 h），23 ℃]	≥ 1 000	
不透水性（mm，2 h）	≥ 1 000	
最大拉力 /[N · 50 mm]⁻¹	≥ 100	≥ 250
断裂伸长率 /%	≥ 35	≥ 10
撕裂性能（N，钉杆法）	≥ 40	
热老化（80 ℃，168 h） 拉力保持率 /%	≥ 80	
热老化（80 ℃，168 h） 断裂伸长保持率 /%		
热老化（80 ℃，168 h） 水蒸气透过量保持率 /%		

2）密封材料。

①硅酮建筑密封胶性能应符合表 6-9 的规定，试验检验应按《硅酮和改性硅酮建筑密封胶》（GB/T 14683—2017）执行。

表 6-9　硅酮建筑密封胶性能

项目		技术指标			
		25HM	20HM	25LM	20LM
下垂度 /mm	垂直	≤ 3			
	水平	无变形			
表干时间 /h		≤ 3			
挤出性 / (mL·min⁻¹)		≥ 80			
弹性恢复率 1%		≥ 80			
拉伸模量 /MPa		> 0.4（23 ℃时） 或 > 0.6（-20 ℃时）		≤ 0.4（23 ℃时） 且 ≤ 0.6（-20 ℃时）	
定伸粘结性		无破坏			

②聚氨酯建筑密封胶性能应符合表 6-10 的规定，试验检验应按《聚氨酯建筑密封胶》（JC/T 482—2003）执行。

表 6-10　聚氨酯建筑密封胶性能

项目		指标			
		25HM	20HM	25LM	20LM
流动性	下垂度（N 型）/mm	≤ 3			
	流平性（L 型）	光滑平整			
表干时间 /h		≤ 24			
挤出性 / (mL·min⁻¹)		≥ 80			
适用期 /h		≥ 1			
弹性恢复率 /%		≥ 70			
拉伸模量 /MPa		> 0.4(23 ℃时)或 > 0.6(-20 ℃时)		≤ 0.4 和 ≤ 0.6	
定伸粘结性		无破坏			

注：1. 挤出性仅适用于单组分产品。
　　2. 适用期仅适用于多组分产品。

③聚硫建筑密封胶性能应符合表 6-11 的规定，试验检验应按《聚硫建筑密封胶》（JC/T 483—2006）执行。

表 6-11　聚硫建筑密封胶性能

项目		指标		
		20HM	25LM	20LM
流动性	下垂度（N 型）/mm	≤ 3		
	流平性（L 型）	光滑平整		
表干时间 /h		≤ 24		
拉伸模量 /MPa		＞ 0.4（23 ℃时）或＞ 0.6（-20 ℃时）	≤ 0.4（23 ℃时）且≤ 0.6（-20 ℃时）	
适用期 /h		≥ 2		
弹性恢复率 /%		≥ 70		
定伸粘结性		无破坏		

注：适用期允许采用供需双方商定的其他指标值。

④丙烯酸酯建筑密封胶性能应符合表 6-12 的规定，试验检验应按《丙烯酸酯建筑密封胶》（JC/T 484—2006）执行。

表 6-12　丙烯酸酯建筑密封胶性能

项目	技术指标		
	12.5E	12.5P	7.5P
下垂度 /mm	≤ 3		
表干时间 /h	≤ 1		
挤出性 /（mL · min⁻¹）	≥ 100		
弹性恢复率 /%	≥ 40	报告实测值	
定伸粘结性	无破坏	—	
低温柔性（℃）	-20	-5	

（4）分析检测报告并确定材料进场。材料的物理性能检验项目全部指标达到标准规定时，即为合格；若有一项指标不符合标准规定时，应在受检产品中重新取样

进行该项指标复验，复验结果符合标准规定，则判定该批材料为合格。检测合格材料方可允许进场使用。严禁检测不合格材料进场使用。

做 一 做

请同学们以学习小组为单位，学习交流防水材料的检测要求，然后模拟施工人员做出材料检测计划。

三、墙体检查与处理

相关知识

墙体砌筑要求：

砌筑时避免外墙墙体重缝、透光，砂浆灰缝应均匀，墙体与梁柱交接面，应清理干净垃圾余浆，砌体应湿润，砌筑墙体不可一次到顶，应分二至三次砌完，以防砂浆收缩，使外墙体充分沉实。另外，须注意墙体平整度检测，以防下道工序批灰过厚或过薄。

1. 墙体孔洞检查及处理

批灰前应检查墙体孔洞，封堵在墙身的各种孔洞，不平整处用 1：3 水泥砂浆找平，如遇太厚处，应分层找平，或挂钢筋网，粘结布等批灰。另外，对脚手架、塔式起重机、施工电梯的拉结杆等在外墙留下的洞口应清理干净，用素水泥浆扫浆充分，再用干硬性混凝土分 2 次各半封堵，按先内后外的顺序，充分捣固密实，水落管卡子钻孔向下倾斜 3°～5°，卡钉套膨胀胶管刷环氧树脂嵌入，严禁使用木楔。混凝土剪力墙上的螺杆孔应四周凿成喇叭口，用膨胀水泥砂浆塞满，再用聚合物防水浆封口，封堵严密。

2. 混凝土外墙修补

（1）胀模修补。首先，将不符设计和规范要求的凸出混凝土部分凿除，并清理干净；其次，用钢丝刷或加压水洗刷基层，然后用 1：2 或 1：2.5 水泥砂浆找平；最后，洒水养护 14 d。

（2）蜂窝修补（所有发现的蜂窝、麻面均面积较小无深孔现象）。首先，将混凝土面上松动的石子、混凝土屑凿去，并清理干净；其次，在修补前应先浇水冲洗待修补的混凝土面上的灰尘，保持修补基面的湿润，然后用 1：2 或 1：2.5 的水砂浆找平；最后，洒水养护 14 d。

想 一 想

外墙检查与处理的重点是什么？

做一做

请同学们以学习小组为单位，学习交流墙体检查的要求，然后模拟施工人员进行墙体检查。

步骤二　外墙防水施工

提示：

（1）在防水施工人员进入施工现场前做好安全教育，进行安全技术交底，落实安全措施检查和监督。

（2）严格施工用电安全保护工作，施工时配备灭火器材，戴防护手套。

（3）操作前检查脚手架和跳板是否搭设牢固，高度是否满足操作要求，合格后才能上架操作，对不符合安全要求处应及时修整。

（4）禁止穿硬底鞋、拖鞋、高跟鞋在架子上作业，架子上的人不得集中在一起，工具要求搁置稳定，防止坠落伤人。在两层脚手架上操作时，应尽量避免在同一垂直线上工作。

（5）大风或大雨天气，为保证施工安全和施工质量，应停止施工。

一、外墙防水施工的一般规定

（1）外墙防水工程应按设计要求施工，施工前应编制专项施工方案并进行技术交底。

（2）外墙防水应由有相应资质的专业队伍进行施工；作业人员应持证上岗。

（3）防水材料进场时应抽样复验。

（4）每道工序完成后，应经检查合格后再进行下道工序的施工。

（5）外墙门框、窗框、伸出外墙管道、设备或预埋件等应在建筑外墙防水施工前安装完毕。

（6）外墙防水层的基层找平层应平整、坚实、牢固、干净，不得酥松、起砂、起皮。

（7）块材的勾缝应连续、平直、密实，无裂缝、空鼓。

（8）外墙防水工程完工后，应采取保护措施，不得损坏防水层。

（9）外墙防水工程严禁在雨天、雪天和五级风及其以上时施工；施工的环境气温宜为 5 ℃～35 ℃。施工时应采取安全防护措施。

■ 二、防水找平层的施工

1. 找平层施工前准备

应注意砌体抹灰前表面的湿润，喷、洒水充分，砌体部分与混凝土部分交接处的外墙面在抹灰前要用宽度不小于 300 mm 的耐碱玻璃纤维网格布或经防腐处理的金属网片覆盖并加以固定，以抵抗因不同材料的膨胀系数不同而引起的开裂。对混凝土墙面的浮浆、残留的模板木屑，露出的钢筋、铁丝一定要清理干净，以利抹灰砂浆与基层粘结牢固。

2. 找平层施工要求

（1）砂浆应严格按配比进行，严格计量，控制水胶比，严禁在施工过程中随意掺水。

（2）对抹灰砂浆应分层抹灰，尤其是高层建筑，局部外墙抹灰较厚，这就需要进行分层抹灰，每层抹灰厚度不应超过 10 mm，如厚度过大，在分层处应设钢丝网。

（3）抹灰砂浆可用聚合物防水砂浆。

提示： 砌体部分与混凝土部分交接处的外墙面在找平层施工前用 200 mm 宽SBC 进行粘贴，外墙的防水效果更好。

■ 三、防水层施工

提示： 外墙防水层施工前，宜先做好节点处理，再进行大面积施工，节点处理详见步骤一节点构造防水设计。

1. 无外保温外墙防水工程施工

（1）砂浆防水层施工应符合下列要求。

1）基层表面应为平整的毛面，光滑表面应进行界面处理，并应按要求湿润。

2）防水砂浆的配制应满足下列要求：

①配合比应按照设计要求，通过试验确定。

②配制乳液类聚合物水泥防水砂浆前，乳液应先搅拌均匀，再按规定比例加入拌合料中搅拌均匀。

③干粉类聚合物水泥防水砂浆应按规定比例加水搅拌均匀。

④粉状防水剂配制普通防水砂浆时，应先将规定比例的水泥、砂和粉状防水剂干拌均匀，再加水搅拌均匀。

⑤液态防水剂配制普通防水砂浆时，应先将规定比例的水泥和砂干拌均匀，再加入用水稀释的液态防水剂搅拌均匀。

3）配制好的防水砂浆宜在 1 h 内用完；施工中不得加水。

4）界面处理材料涂刷厚度应均匀、覆盖完全，收水后应及时进行砂浆防水层施工。

5）防水砂浆铺抹施工应符合下列规定：

①厚度大于 10 mm 时，应分层施工，第二层应待前一层指触不粘时进行，各层应粘结牢固。

②每层宜连续施工，留槎时，应采用阶梯坡形槎，接槎部位距离阴阳角不得小于 200 mm；上下层接槎应错开 300 mm 以上，接槎应依层次顺序操作、层层搭接紧密。

③喷涂施工时，喷枪的喷嘴应垂直于基面，合理调整压力、喷嘴与基面距离。

④涂抹时应压实、抹平；遇气泡时应挑破，以保证铺抹密实。

⑤抹平、压实应在初凝前完成。

6）窗台、窗楣和凸出墙面的腰线等部位上表面的排水坡度应准确，外口下沿的滴水线应连续、顺直。

7）砂浆防水层分格缝的留设位置和尺寸应符合设计要求，嵌填密封材料前，应将分格缝清理干净，密封材料应嵌填密实。

8）砂浆防水层转角宜抹成圆弧形，圆弧的半径不应小于 5 mm，转角抹压应顺直。

9）门框、窗框、伸出外墙管道、预埋件等与防水层交接处应留 8~10 mm 宽的凹槽，并应按上述 7）的规定进行密封处理。

10）砂浆防水层未达到硬化状态时，不得浇水养护或直接受雨水冲刷，聚合物水泥防水砂浆硬化后应采用干湿交替的养护方法；普通防水砂浆防水层应在终凝后进行保湿养护。养护期间不得受冻。

（2）涂膜防水层施工应符合下列要求：

1）施工前应对节点部位进行密封或增强处理。

2）涂料的配制和搅拌应满足下列要求：

①双组分涂料配制前，应将液体组分搅拌均匀，配料应按照规定要求进行，不得任意改变配合比。

②应采用机械搅拌，配制好的涂料应色泽均匀，无粉团、沉淀。

3）基层的干燥程度应根据涂料的品种和性能确定；防水涂料涂布前，宜涂刷基层处理剂。

4）涂膜宜多遍完成，后遍涂布应在前遍涂层干燥成膜后进行。挥发性涂料的每遍用量每平方米不宜大于 0.6 kg。

5）每遍涂布应交替改变涂层的涂布方向，同一涂层涂布时，先后接茬宽度宜为 30～50 mm。

6）涂膜防水层的甩槎部位不得污损，接槎宽度不应小于 100 mm。

7）胎体增强材料应铺贴平整，不得有皱褶和胎体外露，胎体层充分浸透防水涂料；胎体的搭接宽度不应小于 50 mm。胎体的底层和面层涂膜厚度均不应小于 0.5 mm。

8）涂膜防水层完工并经检验合格后，应及时做好饰面层。

多学一点

防水层中设置的耐碱玻璃纤维网布或热镀锌电焊网片不得外露。热镀锌电焊网片应与基层墙体固定牢固；耐碱玻璃纤维网布应铺贴平整、无皱褶，两幅之间的搭接宽度不应小于 50 mn。

2. 外保温外墙防水工程施工

（1）防水层的基层表面应平整干净；防水层与保温层应相容。

（2）外墙保温层的抗裂砂浆层施工应符合下列规定：

1）抗裂砂浆层的厚度、配比应符合设计要求。当内掺纤维等抗裂材料时，比例应符合设计要求，并应搅拌均匀。

2）当外墙保温层采用有机保温材料时，抗裂砂浆施工时应先涂刮界面处理材料，然后分层抹压抗裂砂浆。

3）抗裂砂浆层的中间宜设置耐碱玻璃纤维网布或金属网片。金属网片应与墙体结构固定牢固。玻璃纤维网布铺贴应平整无皱褶，两幅之间的搭接宽度不应小于 50 mm。

4）抗裂砂浆应抹平压实，表面无接槎印痕，耐碱玻璃纤维网布或金属网片不得外露。防水层为防水砂浆时，抗裂砂浆表面应搓毛。

5）抗裂砂浆终凝后应进行保湿养护。防水砂浆养护时间不宜少于 14 d；养护期间不得受冻。

多学一点

防水透气膜施工应符合下列规定：

（1）基层表面应干净、牢固，不得有尖锐凸起物。

（2）铺设宜从外墙底部一侧开始，沿建筑层面自下而上横向铺设，并应顺流水方向搭接。

（3）防水透气膜横向搭接宽度不得小于 100 mm，纵向搭接宽度不得小于 150 mm。相邻两幅膜的纵向搭接缝应相互错开，间距不小于 500 mm，搭接缝应采用密封胶粘带覆盖密封。

（4）防水透气膜应随铺随固定，固定部位应预先粘贴小块密封胶粘带，用带塑料垫片的塑料锚栓将防水透气膜固定在基层上，固定点每平方米不得少于 3 处。

（5）铺设在窗洞或其他洞口处的防水透气膜，应以"I"字形裁开，并应用密封胶粘带固定在洞口内侧；与门、窗框连接处应使用配套密封胶粘带满粘密封，四角用密封材料封严。

（6）穿透防水透气膜的连接件周围应用密封胶粘带封严。

想一想

（1）外墙造型变化处，防水层是否添加附加层？

（2）防水层施工时节点与大面哪一个先施工？

（3）如何确保涂膜防水层施工厚度？

做一做

（1）请同学们以学习小组为单位，依照外墙防水的施工工艺过程，分别模拟施工人员对外墙防水一个工序做技术交底，最后一组对所有交底进行归纳，完成一份完整的外墙防水施工技术交底。

（2）请同学们以学习小组为单位，一组成员分工合作，配置一份涂膜防水涂料，在竹胶板上刷 20 cm×20 cm 的 1.5 mm 厚的防水涂膜样板。

步骤三　质量通病与防治

做一做

某办公楼，建筑面积为 10 827.5 m²，建筑层数为 22 层，地下两层，檐口高度为 67.56 m。基础为筏板基础，结构形式为框剪结构。外墙做法：墙体采用 200 mm 厚加气混凝土砌块砌筑，保温采用 4 cm 厚现场聚氨酯发泡，面层贴面砖。该办公楼竣工投入使用两年后，外墙发生多处渗漏，影响正常使用。请同学们分析地下室外墙渗漏产生的原因，提出整治措施，形成一个解决渗漏问题的方案，并在学习小组之间进行交流。

相关知识

外墙渗漏是一种常见工程质量通病，发生的原因有很多。如防水方案不当、防水材料选择错误、施工方法有误、防水保护层处理不当等。一旦发生渗漏很少是单一因素作用的结果，往往是多个因素共同作用，这时找出产生渗漏的主要因素显得尤为重要，只有找到主要因素才能采取切实有效的针对措施彻底解决渗漏问题。表 6-13 以外墙渗漏的不同部位逐一分析渗漏原因，并针对不同原因提出防治措施。

表 6–13　外墙渗漏原因及防治措施

渗漏部位	渗漏的主要原因	防治措施
外墙墙身	1. 外墙砌体破损。 2. 砌筑砂浆强度不足，灰缝不饱满，干砖上墙。 3. 温差导致不同材质处开裂。 4. 一次抹灰过厚，不同层次间结合不紧密，基层未设分格缝。 5. 窗台、遮阳板和雨篷等水平构件的表层施工中未找坡度，甚至倒坡。 6. 饰面砖铺贴空鼓或铺贴砂浆不饱满，面砖与砂浆间空隙部分易形成贮水容器；面砖勾缝不密实或勾缝龟裂	1. 砌筑时避免碎砖上墙，空洞与墙体修补执行步骤一墙体检查与处理。 2. 墙体砌筑参照步骤一相关知识。 3. 执行步骤一中基层处理。 4. 面砖在铺贴过程中一定要有挤浆工艺，且在勾缝前要全面检查空鼓情况，勾缝要保证密实度，勾缝完毕后要注意湿润养护，密缝擦缝不得遗漏，勾缝深度要严格控制，凹入度不宜太大，最好勾成圆弧形平缝
外墙凹凸线槽	1. 突出的墙面的装饰线条积水，横向装饰线条的抹面砂浆开裂，雨水沿裂缝处渗入室内。 2. 墙面分格缝渗漏	1. 在线条上沿用聚合物水泥砂浆抹出向外的斜坡，使雨水能迅速排除，从而避免因积水引起渗漏水的隐患。 2. 在墙面的凹槽内，涂刷合成高分子防水涂膜，将凹槽中的缝隙封严，阻止雨水侵入墙体内部
施工孔洞及预埋件根部	1. 施工孔洞在外墙最后修补时，仅注意外表美观，未将孔洞内部用砂浆嵌填严实，形成流水通道，进入室内造成渗漏。 2. 预埋件安装不牢，或在施工过程中受到撞击，致使新老砂浆结合不好，造成空鼓和裂缝。在下雨时，雨水沿预埋件的根部缝隙进入室内引起渗漏	1. 执行步骤一孔洞处理要求； 2. 预埋件的安装必须安排在外墙饰面之前，确保安装牢固可靠，不得有松动和移位等缺陷，安装前应进行除锈和防腐处理。抹灰时应对预埋件根部抹压仔细，防止预埋件根部与抹灰饰面层之间局部收缩裂缝，饰面层成活后，不得随意冲撞和震动，防止因外力使预埋件松动，或与饰面抹灰层之间的开裂或产生裂缝
门窗口	1. 窗框四周嵌填不严密，尤其是窗口的上部窗眉和下部窗台部分，未嵌填封闭严密，雨水沿窗框上、下部的缝隙中渗入墙体，流入室内。 2. 固定窗框预埋件距离过大或预埋松动，在砖墙上采用射钉，因经常开关震动，易在门窗框处产生空鼓和裂缝。 3. 室外窗台高于室内窗台板，窗下框与窗台板有缝隙，水密性差，形成窗台倒反水，使雨水流入室内	1. 防水施工符合相关规定；节点处理参照步骤一中图 6-9、图 6-10。 2. 固定窗框的预埋件数量、规格必须符合设计要求，安装固定牢靠，严禁距离过大或预埋松动，严禁在砖墙上采用射钉固定。 3. 铝合金和镀锌钢板推拉窗的下框轨道应设置泄水孔，使其轨道槽内降落的雨水能及时排出。 室外窗台板应低于室内窗台板，并设置顺水坡，使雨水向外排除通畅

注：解决外墙渗漏质量通病应以预防为主，一旦发生渗漏，首先应分析渗漏原因，针对不同原因采取不同补漏方法。常用补漏方法有嵌填密封法、有机硅处理法、涂膜防水法等。

‖ 想一想

1. 你所在教学楼外墙是否有渗漏？试分析渗漏原因。

2. 通过本节内容学习，回顾你所编防水施工交底是否有不足之处？试补充交底内容。

步骤四　成品保护

防水分项施工完成后，及时进行防水层的保护。

（1）墙面水泥砂浆防水层的保护要求：

1）水泥砂浆防水层施工完成后应及时进行养护，养护要求详见步骤二。

2）防水层施工完毕，应及时进行验收，并及时进行保护层施工，以减少不必要的损坏返修。

3）穿过墙体已稳固好的管道、预埋件，应加以保护；施工过程中不得碰撞、变位。

4）在穿墙管道施工时，应用棉纱或纸团封口，防止垃圾落入管道，堵塞管道。

（2）墙面涂膜防水层的保护要求：

1）一般情况下，在易碰易损处的墙面的涂膜防水层外表应涂抹一层水泥砂浆或其他保护层。

2）每次涂刷前均应清理周围环境，防止尘土污染。涂料未干前，不得清理周围环境，涂料干后，不得挨近墙面泼水或乱堆杂物。

3）操作时应注意保护非涂布面（如门窗、玻璃以及其他装饰面）不受污染。涂布完毕，应及时清除由涂料所造成的污染。

4）涂料施工完毕，宜在现场派人值班，防止摸碰，也不得靠墙立放铁锹等工具。

5）在施工过程中，如遇到气温突然下降、暴晒，应及时采取必要的措施加以保护。如遇大风、雨雪天气，应立即用塑料薄膜等覆盖，并在适当的位置留好接槎口，暂停施工。

6）如按设计需要在防水层表面涂刷有光涂料时，最后一遍有光涂料涂刷完毕，空气要流通，以防涂膜干燥后无光或光泽不足。

7）涂料施工完毕，应按涂料使用说明规定的时间和条件进行养护。冬天应采取必要的防冻措施。

8）明火不要靠近涂膜层。不要在膜层上加热，以免涂层升温过高而损坏。

做一做

请同学们以小组为单位编制该任务工程外墙防水混凝土施工成品保护方案，并在小组之间进行交流。

步骤五　施工质量要求与验收

（1）建筑外墙防水工程的质量应符合下列要求：

1）防水层不得有渗漏现象。

2）采用的材料应符合设计要求。

3）找平层应平整、坚固，不得有空鼓、酥松、起砂、起皮现象。

4）门窗洞口、伸出外墙管道、预埋件及收头等部位的防水构造，应符合设计要求。

5）砂浆防水层应坚固、平整，不得有空鼓、开裂、酥松、起砂、起皮现象。

6）涂膜防水层厚度应符合设计要求，无裂纹、皱褶、流淌、鼓泡和露胎体现象。

7）防水透气膜应铺设平整、固定牢固，不得有皱褶、翘边等现象；搭接宽度应符合要求，搭接缝和节点部位应密封严密。

（2）外墙防水材料应有产品合格证和出厂检验报告，材料的品种、规格、性能等应符合国家现行有关标准和设计要求；进场的防水材料应抽样复验；不合格的材料不得在工程中使用。

（3）外墙防水层完工后应进行检验验收。防水层渗漏检查应在雨后或持续淋水 30 min 后进行。

（4）防水层检验批施工质量检查。

1）砂浆防层检验批检查项目及检验方法见表 6-14。

表 6-14　砂浆防水层检验批检查项目及检验方法

检查项目		检验方法
主控项目	砂浆防水层的原材料、配合比及性能指标，应符合设计要求	检查出厂合格证、质量检验报告、配合比试验报告和抽样复验报告
	砂浆防水层不得有渗漏现象	雨后或持续淋水 30 min 后观察检查
	砂浆防水层与基层之间及防水层各层之间应结合牢固，无空鼓	观察和用小锤轻击检查
	砂浆防水层在门窗洞口、伸出外墙管道、预埋件、分格缝及收头等部位的节点做法，应符合设计要求	观察检查和检查隐蔽工程验收记录

续表

检查项目		检验方法
一般项目	砂浆防水层表面应密实、平整，不得有裂纹、起砂、麻面等缺陷	观察检查
	砂浆防水层施工缝留槎位置应正确，接槎应按层次顺序操作，做到层层搭接紧密	观察检查
	砂浆防水层的平均厚度应符合设计要求，最小厚度不得小于设计值的80%	观察和尺量检查

2）涂膜防水层检验批检查项目及检验方法见表6-15。

表6-15　涂膜防水层检验批检查项目及检验方法

检查项目		检验方法
主控项目	防水层所用防水涂料及配套材料应符合设计要求	检查出厂合格证、质量检验报告和抽样试验报告
	涂膜防水层不得有渗漏现象	雨后或持续淋水30 min后观察检查
	涂膜防水层在门窗洞口、伸出外墙管道、预埋件及收头等部位的节点做法，应符合设计要求	观察检查和检查隐蔽工程验收记录
一般项目	涂膜防水层的平均厚度应符合设计要求，最小厚度不应小于设计厚度的80%	针测法或割取20 mm×20 mm实样用卡尺测量
	涂膜防水层应与基层粘结牢固，表面平整，涂刷均匀，不得有流淌、皱褶、鼓泡、露胎体和翘边等缺陷	观察检查

多学一点

防水透气膜防水层检查项目及检验方法见表6-16。

表6-16　防水透气膜防水层检查项目及检验方法

检查项目	检验方法
防水透气膜及其配套材料应符合设计要求	检查出厂合格证、质量检验报告和抽样复验报告
防水透气膜防水层不得有渗漏现象	雨后或持续淋水30 min后观察检查
防水透气膜在门窗洞口、伸出外墙管道、预埋件及收头等部位的节点做法，应符合设计要求	观察检查和检查隐蔽工程验收记录
防水透气膜的铺贴应顺直，与基层应固定牢固，膜表面无皱褶、伤痕、破裂等缺陷	观察检查
防水透气膜的铺贴方向应正确，纵向搭接缝应错开，搭接宽度的负偏差不应大于10 mm	观察和尺量检查

检查项目	检验方法
防水透气膜的搭接缝应粘结牢固，密封严密。防水透气膜的收头应与基层粘结并固定牢固，缝口封严，不得有翘边现象	观察检查

提示：外墙防水应按照外墙面面积 500 ～ 1 000 m² 为一个检验批，不足 500 m² 时也应划分为一个检验批；每个检验批每 100 m² 应至少抽查一处，每处不得小于 10 m²，且不得少于 3 处；节点构造应全部进行检查。

（5）防水工程质量验收。

1）外墙防水防护工程质量验收的程序和组织，应符合现行《建筑工程施工质量验收统一标准》（GB 50300—2013）的规定。

2）外墙防水防护工程验收的文件和记录应按表 6-17 要求执行。

表 6-17　外墙防水防护工程验收的文件和记录

序号	项目	文件和记录
1	防水设计	设计图纸及会审记录，设计变更通知单
2	施工方案	施工方法、技术措施、质量保证措施
3	技术交底记录	施工操作要求及注意事项
4	材料质量证明文件	出厂合格证、质量检验报告和抽样试验报告
5	中间检查记录	分项工程质量验收记录、隐蔽工程验收记录、施工检验记录、雨后或淋水检验记录
6	施工日志	逐日施工情况
7	工程检验记录	抽样质量检验、现场检查
8	施工单位资质证明及施工人员上岗证件	资质证书及上岗证复印件
9	其他技术资料	事故处理报告、技术总结等

建筑外墙防水防护工程隐蔽验收记录应包括下列内容：

①防水层的基层。

②密封防水处理部位。

③门窗洞口、穿墙管、预埋件及收头等细部做法。

3）外墙防水防护工程验收后，应填写分项工程质量验收记录，归入相应的分部工程，交建设单位和施工单位存档。

相关知识

外墙防水防护工程应按装饰装修分部工程的子分部工程进行验收，外墙防水防护子分部工程各分项工程的划分应符合表 6-18 的要求。

表 6-18　外墙防水防护子分部工程各分项工程的划分

子分部工程	分项工程
建筑外墙防水防护工程	砂浆防水层
	涂膜防水层
	防水透气膜防水层

▌想一想

1．外墙防水工程质量检查与验收记录包括哪些内容？

2．简述外墙防水工程质量验收程序与参加人员。

3．外墙防水工程保修期限是多长？

▌做一做

请同学们以小组为单位，讨论外墙防水工程验收程序，组内成员分别模拟验收，不同成员进行外墙防水验收，并在学习小组之间交流。

▌巩固与拓展

■一、知识巩固

对照图 6-18，梳理自己所掌握的知识体系，并与同学相互交流、研讨个人对某些知识点或技能技巧的理解。

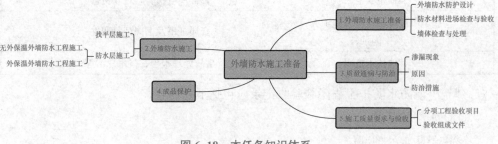

图 6-18　本任务知识体系

▌做一做

本任务的最终目标是完成一份外墙防水专项施工方案，回顾任务二中步骤三相关知识（专项施工方案应包含内容），整合前述施工步骤中所形成的外墙防水设计方案、进场材料检测计划、外墙防水施工技术交底、外墙渗漏防治方案、外墙防水成品保护方案、外墙防水质量验收等内容，完成外墙防水专项施工方案。

■二、自主训练

（1）根据任务六的工作步骤及方法，查阅《建筑外墙防水工程技术规程》（JGJ/T 235—2011），完成外墙干挂大理石的工作任务。

（2）请同学们查阅《建筑外墙防水工程技术规程》（JGJ/T 235—2011）中的外墙防水防护工程的施工与质量检查的一般规定，列出外墙防水施工的规定内容，并在小组之间进行交流。

任务六：自主训练

■三、任务考核

任务六考核表

任务名称：建筑外墙防水防护施工　　　　　　　　　　　　　　考核日期：

考核项目		分值	自评	考核要点
任务描述	任务描述	10		任务的理解
任务实施	施工准备	10		外墙防水设防的要求及节点构造、不同材质墙体的检查处理要点
	主要材料质量验收	10		材料的抽样及性能检测
	防水施工	15		防水砂浆及防水涂膜的施工
	质量通病与防治	15		常见渗漏问题的处理
	成品保护	10		不同防水层施工完成后的成品保护
	施工质量要求与验收	10		分项工程的检查内容及验收项目组成
拓展任务	拓展任务	20		拓展任务完成情况与质量
	小计	100		

其他考核

考核人员	分值	评分	考核要点
（指导）教师评价	100		根据学生"任务实施引导"中的相关问题完成情况进行考核，建议教师主要通过肯定成绩引导学生，少提缺点，对于存在的主要问题可通过单独面谈反馈给学生
小组互评	100		主要从知识掌握、小组活动参与度等方面给予中肯评价
总评	100		总评成绩＝自评成绩×40%＋指导教师评价×35%＋小组评价×25%

■ 四、综合练习

1. 填空题

（1）水泥砂浆要随拌随用，拌和后使用时间不应超过＿＿＿＿＿＿h，严禁使用拌和后超过初凝时间的砂浆。

（2）普通水泥砂浆防水层终凝后应及时进行淋水养护，每天淋水 2～3 次，养护时间不得少于＿＿＿＿＿＿d，保持湿润。

（3）水泥砂浆防水层表面应密实、平整，无裂纹、起砂、麻面等缺陷；阴阳角应做成＿＿＿＿＿＿。

（4）常用的外墙防水涂料有＿＿＿＿＿＿、＿＿＿＿＿＿、＿＿＿＿＿＿和＿＿＿＿＿＿等。

（5）铝合金和镀锌钢板门窗框与墙体的缝隙，应采用柔性材料如＿＿＿＿＿＿或＿＿＿＿＿＿等分层填塞，缝隙外表留 5～8 mm 深的槽口，嵌填水密性密封材料。

（6）塑料门窗框与洞口的间隙应用＿＿＿＿＿＿或＿＿＿＿＿＿填塞，填塞不宜过紧，以免框体变形。门窗框四周的内外接缝应用水密性密封材料嵌填严密。

（7）铝合金和镀锌钢板推拉窗的下框轨道应设置＿＿＿＿＿＿，使其轨道槽内降落的雨水能及时排出。

（8）室外窗台板应＿＿＿＿＿＿室内窗台板为宜，并设置＿＿＿＿＿＿坡，使雨水向外排除通畅。

（9）如果门窗框周围与洞口侧壁嵌填不密实，处理时应先将＿＿＿＿＿＿，然后在缝中＿＿＿＿＿＿，最后用水泥砂浆填实压紧，勾缝抹严。如为钢门窗，可在缝隙中嵌填不会产生永久变形、不吸水、不会因受热而隆起的背衬材料，如＿＿＿＿＿＿，再在外面用弹性密封材料予以封严。

（10）如果外墙有饰面块材的门窗框渗漏，处理时应在外墙门窗两侧装饰块材开裂的接缝中，涂刷＿＿＿＿＿＿，防止雨水渗入门窗与墙体之间的缝隙中。

（11）如果门窗与洞口间的缝隙过大，填嵌的水泥砂浆已经开裂，此时应先将门窗开裂部位的水泥砂浆清洗干净，用掺防水粉的水泥净浆把裂缝＿＿＿＿＿＿，表面再刷有机硅等＿＿＿＿＿＿予以封闭。

2. 选择题

（1）当重要的建筑物或外墙面高度为 20～60 m，或墙体为实心砖或陶、瓷粒砖等饰面材料时，外墙饰面防水要求防水砂浆厚（　　）mm。

A. 5 　　　　　　　　　　　　B. 10

C. 15 　　　　　　　　　　　D. 20

（2）常用外墙防水涂料有（　　）。

A．聚氨酯防水涂　　　　　　　B．石油沥青聚氨酯防水涂料

C．硅橡胶防水涂料　　　　　　D．丙烯酸酯防水涂料

（3）门窗口出现渗漏可采用的治理方法有（　　）。

A．嵌填密封法　　B．涂膜防水法　　C．有机硅处理法

（4）外墙缝隙处理材料主要有（　　）。

A．防水沥青嵌缝油膏　　　　　B．聚乙烯塑料泡沫

C．基层处理剂　　　　　　　　D．隔离条

（5）南方多雨地区，在墙面上留有的凹凸线槽处，如遇较长时间的连续降雨，则雨水就会沿墙面的凸线或凹槽渗入墙体出现渗漏。其原因可能是（　　）。

A．阳台、雨篷倒坡，雨水不流向室外而流入墙体，造成渗漏

B．突出的墙面的装饰线条积水，横向装饰线条的抹面砂浆开裂，雨水沿裂缝处渗入室内

C．墙面分格缝渗漏

D．在进行外墙饰面施工时，分格缝凹槽施工时未考虑防水要求，设计上未采取防水措施，雨水沿凹槽中的缝隙渗入墙体，造成室内渗漏

（6）墙面凹凸线槽出现渗漏的治理方法有（　　）。

A．在线条上沿用聚合物水泥砂浆抹出向外的斜坡，使雨水能迅速排除，从而避免因积水引起渗漏水的隐患

B．在线条下沿用聚合物水泥砂浆抹出向外的斜坡，使雨水能迅速排除，从而避免因积水引起渗漏水的隐患

C．可在墙面的凹槽内，涂刷合成高分子防水涂膜，将凹槽中的缝隙封严，阻止雨水侵入墙体内部

D．用基层处理剂涂刷

（7）在建筑施工过程中，预留的各种施工孔洞以及预埋件根部出现局部渗漏现象可能的原因有（　　）。

A．施工孔洞在外墙最后修补时未将孔洞内部用砂浆嵌填严实，形成流水通道

B．预埋件安装不牢

C．在施工过程中受到撞击，致使抹灰时新、老砂浆结合不好，造成空鼓和裂缝

D．在下雨时，雨水沿预埋件的根部缝隙进入室内引起渗漏

（8）施工孔洞及预埋件根部局部渗漏可以采取的预防措施有（　　）。

A．处理好新旧界面之间的结合施工时要将原有接缝处的残余砂浆剔除干净，并用水湿润，然后对接缝处普遍涂刷掺 108 胶的水泥浆一遍

B. 预埋件的安装必须安排在外墙饰面之前，确保安装牢固可靠，不得有松动和移位等缺陷，并进行除锈和防腐处理

C. 抹灰时严禁对预埋件根部挤压成活，避免预埋件根部与抹灰饰面层之间局部收缩裂缝

D. 饰面层成活后，不得随意冲撞和震动

（9）下列关于施工孔洞和预埋件根部渗水的防治措施正确的是（　　　）。

A. 堵塞砖缝内渗漏水通道修补前，应先清除空头缝中酥松的砂浆，然后清扫干净，用水冲洗湿润

B. 修补时，在堵塞范围内，要先用掺 801 胶的水泥浆普遍涂刷一遍，随后用掺麻刀灰的水泥砂浆分层嵌填，每层厚度不大于 8 mm

C. 对于穿墙孔洞引起的成片渗漏，则宜用湿砖和水泥砂浆重新欠补，同时要确保新堵塞的湿砖与原有的砖墙界面之间牢固结合

D. 穿墙管道、预留孔洞及预埋件根部的渗水，可视具体情况用防水密封材料嵌填封严

（10）建筑外墙门窗洞口渗漏的主要原因有（　　　）。

A. 窗框四周嵌填不严密，尤其是窗口的上部窗眉和下部窗台部分，未嵌填封闭严密

B. 门窗框边的立梃部位与两侧墙体的缝隙，未用沥青麻刀和水泥砂浆嵌填

C. 采用钢门窗时钢门窗框与洞口的间隙过大，导致使用水泥砂浆填塞过厚，因震动或砂浆收缩出现裂缝

D. 室外窗台高于室内窗台板，或者窗下框与窗台板有缝隙，水密性差，形成窗台倒反水，使雨水流入室内

3. 判断题

（1）外墙饰面防水工程，应根据建筑物类别、使用功能、外墙的高度、外墙墙体材料以及外墙饰面材料划分三级。（　　　）

（2）一般的建筑物或外墙面高度为 2 m 以下，墙体为钢筋混凝土或水泥砂浆类饰面时，外墙饰面防水要求聚合物水泥砂浆厚 3 mm 左右。（　　　）

（3）混凝土外墙找平层抹灰前，对混凝土外观质量应详细检查。如有裂缝、蜂窝、孔洞等缺陷时，应视情节严重性先行补强、密封处理后方可抹灰。（　　　）

（4）水泥砂浆要随拌随用，拌和后使用时间不宜超过 1 h，严禁使用拌和后超过初凝时间的砂浆。（　　　）

（5）抹灰基层要求抹平、压光、坚实平整、不起砂并具有一定的强度，阴阳角处抹成极小圆弧角；抹灰基层要求干燥，含水率不超过9%。（　　　）

（6）施工前应将基层上的灰浆、浮灰及附着物等清理干净，并用腻子将基层上

的凹坑、缝隙等补好找平。待基层彻底干燥后方可进行涂料喷刷。（　　）

（7）喷刷防水涂料时先从施工面的最下端开始，沿水平方向从左至右或从右至左运行喷刷工具，形成横向施工涂层，这样逐步喷刷至最上端，完成第一遍喷刷。在第一遍涂层干燥成膜后，紧接着进行垂直方向的第二遍喷刷，第二遍垂直方向的喷刷形成竖向涂层。（　　）

（8）不得在淋雨条件下施工。（　　）

（9）涂料及固化剂、稀释剂等均为易燃品，应存储在干燥远离火源的地方，施工现场严禁烟火。（　　）

（10）根据外墙板缝的宽度，选择比该缝隙宽度大 4～6 mm 的聚乙烯塑料泡沫为背衬材料，填塞至缝内一定深度。（　　）

（11）防污胶条不得贴入缝槽内，也不得远离缝槽，宜距离缝槽立面 1～2 mm。（　　）

（12）嵌填密封材料一般应先嵌填平行于地面的横向缝槽、后嵌填垂直于地面的竖向缝槽。（　　）

（13）待基层处理剂表面干燥时嵌填密封材料，一般在涂刷完基层处理剂 1.5 h 左右。（　　）

4. 简答题

（1）外墙饰面防水等级与设防要求有哪些？

（2）外墙砂浆防水施工现场都需要做哪些准备？

（3）简述外墙砂浆防水施工工艺流程。

（4）外墙涂膜防水应采用的劳动保护和环境保护措施有哪些？

（5）简述外墙涂膜防水施工工艺和施工要点。

（6）简述外墙拼接缝防水的施工工艺和施工要点。

（7）墙面凹凸线槽出现渗漏的原因有哪些？

（8）墙面凹凸线槽出现渗漏时的防治措施有哪些？

（9）墙面施工孔洞及预埋件根部出现渗漏的原因有哪些？

（10）墙面施工孔洞及预埋件根部出现渗漏时的防治措施有哪些？

（11）墙面门窗洞口出现渗漏的原因有哪些？

（12）墙面门窗洞口出现渗漏时的防治措施有哪些？

参 考 文 献

[1] 危道军．建筑施工技术［M］．2版．北京：人民交通出版社，2011．

[2] 钟汉华，熊学忠．建筑施工技术［M］．武汉：华中科技大学出版社，2015．

[3] 林乐肃，张勇．建筑防水工程施工［M］．北京：教育科学出版社，2015．

[4] 中华人民共和国住房与城乡建设部，中华人民共和国国家质量监督检验检疫
总局．GB 50208—2011 地下防水工程质量验收规范．［S］．北京：中国建筑工
业出版社，2012．

[5] 中华人民共和国住房与城乡建设部，中华人民共和国国家质量监督检验检疫
总局．GB 50108—2008 地下工程防水技术规范［S］．北京：中国计划出版社，
2008．

[6] 中华人民共和国住房与城乡建设部，中华人民共和国国家质量监督检验检疫
总局．GB 50345—2012 屋面工程技术规范［S］．北京：中国建筑工业出版社，
2012．

[7] 中华人民共和国住房与城乡建设部，国家质量监督检验检疫总局．GB 50207—
2012 屋面工程质量验收规范［S］．北京：中国建筑工业出版社，2012．

[8] 中华人民共和国住房与城乡建设部．JGJ/T 235—2011 建筑外墙防水工程技术
规程［S］．北京：中国建筑工业出版社，2011．

[9] 中华人民共和国住房与城乡建设部．JGJ 298—2013 住宅室内防水工程技术规
范［S］．北京：中国建筑工业出版社，2013．